# 机械工程与设备控制

主　编　李　果　陆沿良　袁苏楠

副主编　杨万平　简晓镔　杜永强

　　　　徐泽林　姬泓屹

编　委　范佳男　关佳庆　袁浩杰

汕頭大學出版社

**图书在版编目（CIP）数据**

机械工程与设备控制 / 李果，陆沿良，袁苏楠主编．
汕头：汕头大学出版社，2024. 8. -- ISBN 978-7-5658-
5387-6

Ⅰ．TH

中国国家版本馆 CIP 数据核字第 20243TJ178 号

机械工程与设备控制

JIXIE GONGCHENG YU SHEBEI KONGZHI

主　　编：李　果　陆沿良　袁苏楠
责任编辑：黄洁玲
责任技编：黄东生
封面设计：周书意
出版发行：汕头大学出版社
　　　　　广东省汕头市大学路 243 号汕头大学校园内　　邮政编码：515063
电　　话：0754-82904613
印　　刷：廊坊市海涛印刷有限公司
开　　本：710mm×1000mm　1/16
印　　张：11
字　　数：185 千字
版　　次：2024 年 8 月第 1 版
印　　次：2025 年 1 月第 1 次印刷
定　　价：58.00 元
ISBN 978-7-5658-5387-6

# 前　言

　　机械工程控制科学以控制论、信息论、系统论为基础，研究各领域内独立于具体对象的共性问题，即为了实现某些目标，应该如何描述与分析对象与环境信息，采取何种控制与决策行为等问题。它对于各领域的具体应用具有一般方法论的意义，而与各领域具体问题的结合，又形成了控制工程丰富多样的内容。随着工业生产和科学技术的不断发展，机械工程控制作为一门新的研究领域越来越为人们所重视。原因是它不仅能满足今天自动化技术高度发展的需要，而且与信息科学和系统科学紧密相关。更重要的是，它提供了辩证的系统分析方法，即它不但从局部，而且从总体上认识和分析机械系统，从而对其进行改进和完善，以满足科技发展和工业生产的实际需要。

　　随着人类社会的发展，机械结构和自动控制系统两部分有机地结合在一起，使具有自动化功能的机器越来越多，如各种数控机床、机器人、自动化生产线、运载火箭、航天飞船等。虽然不同的自动化系统具有不同的结构和不同的性能指标要求，但是一般都要求系统具有稳定性、快速性和准确性。为了使机电一体化系统具有优良的性能，系统的设计者不仅要拥有全面的现代机械设计理论知识和丰富的实践经验，还要拥有设计自动控制系统的理论和经验。

　　随着信息技术的发展，电气自动化、智能化的运用越来越广泛，电气系统和设备的控制也越来越重要。随着计算机技术、自动化控制技术等的不断进步与发展，电气控制技术的可靠性与效率大幅提高，从而使其工业化应用成为可能，现今电气控制技术已经在多个行业中得到了广泛应用。电气系统只有进行专业化控制，才能更好地发展自动化，为电气控制系统更好地应用于社会生活奠定基础。而随着电气自动化技术的不断发展，电气设备和系统控制过程中对专业化的要求也越来越高，电气自动化行业的相关从业人员必须通过更加专业化、系统化的学习和研究，来适应这种科技与社会的进步。

　　本书以机械工程与设备控制为主线，对机械工程进行了系统化的论述，包含机械工程设计基础知识、机械工程传动系统设计、机械制造业控制系统的安全自动化技术等；基于设备控制，多维度地探讨研究了设备自动化控制方法与技术、加工设备控制自动化、电气设备系统控制等内容。本书理论与实践结合，旨在促进造价控制技术发展，提升建筑工程管理水平，兼具理论参考和实际应用价值。

　　由于笔者水平有限，加上时间仓促，书中难免有不足之处，希望大家批评指正。

# 目　　录

# 第一章　机械工程设计基础知识

## 第一节　机械零件的失效形式与设计准则

机械设备中各种零件或构件都具有一定的功能(如传递运动、力或能量)、实现规定的动作、保持一定的几何形状等。当零件在载荷(包括机械载荷、热载荷、腐蚀及综合载荷等)作用下,导致其尺寸、形状或材料的组织与性能变化而丧失最初规定的功能时,即为零件的失效。

### 一、机械零件的失效形式

机械零件常见的失效形式主要有以下几种。

#### (一) 断裂

机械零件在某些因素作用下分裂成两块或两块以上的现象称为断裂失效。断裂是零件最危险的一种失效形式,例如轴的断裂、齿轮轮齿根部的折断等。一般根据断裂的原因将断裂分为过载断裂、疲劳断裂、脆性断裂等。

1. 过载断裂

当零件外加载荷超过其危险截面所能承受的极限应力时,零件发生断裂的形式称为过载断裂。零件强度设计不合理,结构上应力过度集中,操作失误,机械设备超负荷运行,某些零件承受过大载荷,都可能导致过载断裂。

2. 疲劳断裂

金属零件经过一定次数的循环载荷或交变应力作用后引发的断裂现象称为疲劳断裂。在零件上首先产生疲劳微裂纹,随着载荷的作用,裂纹稳定扩展;当裂纹在零件断面上扩展达到一定值时,零件残余断面不能承受其载荷,即发生疲劳断裂。

### 3. 脆性断裂

实际工程材料在制备、加工（冶炼、铸造、锻造、焊接、热处理、冷加工等）及使用中（疲劳、冲击、环境温度等）都会产生各种缺陷（白点、气孔、渣、未焊透、热裂、冷裂、缺口等）。由于内部缺陷和裂纹的存在，当零件在外载荷作用下，其某一危险截面上的应力超过零件的抗拉强度时会发生突然断裂，这种断裂一般称为脆性断裂。脆性断裂是一种构件未经明显的变形而发生的断裂，如杆件脆断时没有明显的伸长或弯曲，更无缩颈；容器破裂时没有直径增大及壁厚减薄。

### (二) 过大残余变形

零件受载荷作用后发生弹性变形，过度的弹性变形会使零件的机械精度降低，造成较大的振动，引起零件的失效；当作用在零件上的应力超过了材料的屈服极限，零件会产生塑性变形，甚至发生断裂。在高温、载荷的长期作用下，零件会发生蠕变变形，造成零件的变形失效。

### (三) 表面损伤失效

零件在长期工作中，由于腐蚀、磨损、接触疲劳等原因，造成零件尺寸变化超过了允许值而失效，或者由于腐蚀、冲刷、气蚀等使零件表面损伤失效。

#### 1. 磨损

零件的摩擦表面上出现材料耗损的现象称为零件的磨损。材料磨损包括两个方面：一是材料组织结构的损坏，二是尺寸、形状及表面质量（粗糙度）的变化。若零件的磨损超过了某一限度，就会丧失其规定的功能，引起设备性能下降或不能工作，称为磨损失效。

#### 2. 腐蚀

金属零件在某些特定的环境中会发生化学反应或电化学反应，造成表面材料损耗、表面质量被破坏、内部晶体结构损伤，最终导致零件失效，这种失效称为零件的腐蚀失效。处于潮湿空气中或与水、汽及其他腐蚀介质相接触的金属零件，均有可能发生腐蚀现象。

3. 表面疲劳磨损

腐蚀、磨损和接触疲劳是随工作时间的延续而逐渐发生的失效形式。两个接触面做滚动或滚动滑动复合摩擦时，在交变接触压应力作用下，材料表面疲劳而产生材料损失的现象称为表面疲劳磨损。齿轮副、凸轮副、滚动轴承的滚动体与外座圈、轮箍与钢轨等都可能产生表面疲劳磨损，形成麻点剥落失效。

### (四) 材质变化失效

由冶金元素、化学作用、辐射效应、高温长时间作用等引起零件的材质变化，使材料性能降低而发生失效。

### (五) 破坏正常工作条件引起的失效

有些零件只有在一定条件下才能正常工作。例如，带传动，只有当传递的有效圆周力小于临界摩擦力时，才能正常工作；液体摩擦的滑动轴承，只有存在完整的润滑油膜时，才能正常工作；高速转动的零件，只有在其转速与转动件系统的固有频率避开一个适当的频率间隔时才能正常地工作。如果这些条件被破坏，将会发生不同类型的失效。如：连接的松动，压力容器和管道的泄漏，运动精度达不到要求，皮带传动出现打滑现象，滑动轴承的油膜压力太小、转动速度与固有频率重合而发生共振，等等。

同一种零件发生失效的形式可能有很多种。最常发生的失效形式主要是由强度、刚度、耐磨性、耐温度性、振动稳定性、可靠性等方面的问题引起的。因此，为避免零件失效、保证机械零件能够安全可靠地工作，应确定相应的零件设计准则。

## 二、机械零件的设计准则

机械零件的设计准则是针对零件的某种失效形式，为满足某种工作能力而建立的设计准则。

### (一) 强度准则

强度是衡量零件抵抗破坏的能力的指标，是保证零件工作能力的最基本要求。零件的强度不足时，就会发生不允许的塑性变形，甚至造成断裂破坏，轻则使机器停止工作，重则发生严重事故。为保证零件有足够的强度，零件的工作应力不得超过许用应力，这就是零件的强度准则。例如：对于断裂来说，应力不超过材料的强度极限；对于疲劳破坏来说，应力不超过零件的疲劳极限；对于残余变形来说，应力不超过材料的屈服极限。强度准则有两种计算方法：一种是根据许用应力建立的计算准则，另一种是根据安全系数建立的计算准则。在实际使用中应根据所掌握的数据情况确定选择使用哪种强度准则。

### (二) 刚度准则

零件在载荷作用下产生的弹性变形分为挠度、转角和扭角，刚度计算准则是要求零件在实际工作中所产生的弹性变形量小于或等于许用弹性变形量。

### (三) 寿命准则

决定零件寿命的主要因素有腐蚀、磨损和疲劳。这三种因素的研究进程各不相同；关于磨损问题的研究目前还很不完善，还无法建立一个能够被广泛接受的计算准则；腐蚀问题的研究也存在同样的问题，至今还未出现能够具有通用性的计算准则，因而也无法建立明确的计算准则；疲劳问题是目前发展比较成熟的研究方向，已经可以较为定性地进行疲劳寿命计算，但是要在一定可靠度的前提下进行计算。

### (四) 振动稳定性准则

机器中存在着很多的周期性变化的激振源。如果某一个零件本身的固有频率与上述激振源的频率重合或成整数倍关系时，这些零件就会发生共振，就会导致零件破坏或机器工作条件失常等，这种现象称为丧失振动稳定性。

振动稳定性准则就是在设计时使机器中各零件的自振频率与激振源的激振频率错开。

### (五) 可靠性准则

所谓可靠性，就是产品在规定的条件下、规定的时间内，完成规定功能的可靠程度。可靠性计算准则是保证零件在工作过程中能够满足规定的可靠性要求。

## 三、机械零件设计的方法与一般步骤

### (一) 方法

机械零件的设计方法可分为两类：一类是过去长期采用的方法，称为常规的 (传统的) 计方法；另一类是近几十年来发展起来的设计方法，称为现代设计方法。下面主要介绍常规设计方法。

1. 理论设计

根据长期研究和实践总结出来的传统设计理论及实验数据进行的设计，称为理论设计。理论设计的计算过程又可分为设计计算和校核计算。前者是按照已知的运动要求、载荷情况及零件的材料特性等，运用一定的理论公式来设计零件的尺寸和形状的计算过程，如按转轴的强度、刚度条件计算轴的直径等；后者是先根据类比、实验等方法初步定出零件的尺寸和形状，再运用理论公式进行零件强度、刚度等校核的计算过程，如转轴的弯扭组合强度校核等。设计计算多用于能通过简单的力学模型进行设计的零件；校核计算则多用于结构复杂、应力分布较复杂，但又能用现有的分析方法进行计算的场合。

理论计算可得到比较精确且可靠的结果，重要的零部件大多选择这种设计方法。

2. 经验设计

根据对某类零件归纳出的经验公式或设计者本人的工作经验，用类比法进行的设计，称为经验设计。对一些不重要的零件，如不太受力的螺钉等，或者对于一些理论上不成熟或虽有理论方法但没必要进行复杂、精确计算的零部件，如机架、箱体等，通常采用经验设计方法。

### 3. 模型实验设计

将初步设计的零部件或机器按比例制成模型或样机进行试验，对其各方面的特性进行检验，再根据实验结果对原设计进行逐步的修改、调整，从而获得尽可能完善的设计结果，这样的设计称为模型实验设计。该设计方法费时、昂贵，一般只用于特别重要的设计中。一些尺寸巨大、结构复杂而又十分重要的零部件，如新型重型设备及飞机的机身、我国的神舟飞船、新型舰船的船体等设计，常采用这种设计方法。

### （二）一般步骤

机械零件设计是机器设计的重要环节。由于零件的种类不同，其具体的设计步骤也不太一样，但一般可按下列步骤进行。

#### 1. 零件类型选择

零件类型选择是指根据机器的整体设计方案和零件在整机中的作用，选择零件的类型和结构。

#### 2. 受力分析

受力分析是指根据零件的工作情况，建立力学模型，进行受力分析，并确定名义载荷和计算载荷。

#### 3. 材料选择

材料选择是指根据零件的工作条件及对零件的特殊要求，选择合适的材料及热处理方法。

#### 4. 确定设计准则

根据工作情况，分析零件的失效形式，进而确定设计计算准则。

#### 5. 理论计算

理论计算是指根据设计计算准则，计算并确定零件的主要尺寸和主要参数。

#### 6. 结构设计

我们按等强度原则进行零件的结构设计。设计零件结构时，一定要考虑工艺性及标准化原则的要求。

#### 7. 校核计算

在设计过程中，必要时应进行详细的校核计算，确保重要零件的设计可靠性。

8. 绘制零件工作图

理论设计和结构设计的结果最终由零件工作图来表达。零件工作图上不仅要标注详细的零件尺寸，还要标注配合尺寸的尺寸公差、必要的几何公差、表面粗糙度及技术要求。

# 第二节　机械零件的强度

## 一、静应力和变应力

机械零件的强度可分为静应力强度和变应力强度。静强度破坏是由于工作应力超过了静应力强度极限，即当工作应力超过材料的屈服极限时发生塑性变形，当超过强度极限就发生断裂。静强度计算的极限应力值是定值。

在变应力作用下，零件的损坏形式是疲劳断裂。疲劳破坏是在远低于材料抗拉强度极限的交变应力作用下材料发生的破坏，其破坏是由变应力对材料损伤的累积所致；交变应力每作用一次都对材料造成一定的损伤，损伤的结果是形成小裂纹。疲劳强度计算的极限应力是变化的，随着循环特性和寿命大小的改变而改变。

## 二、疲劳强度

### (一) 影响机械零件疲劳强度的因素

1. 应力集中的影响

一切构造，如发动机轴、盘、机匣等，都必然地存有阶梯、打孔、棒槽等造成横截面基因突变的地区。当构造承受力时，在这种地区便会发生部分内应力集中扩大的状况，称之为应力集中。很多疲惫毁坏安全事故和实验结果显示，疲惫源一直产生在应力集中的地区。应力集中使构造的疲劳强度减少，对疲劳强度有很大的影响，并且是影响疲劳强度众多要素中起关键作用的一个要素。

2. 表面状态的影响

试样的制取技术对疲劳强度有较大影响，这一点早年就有专家学者表明了；那时候就已确立，试件表层上即使发生微小的伤疤也会使钢的疲劳强度显著降低。进一步的研究表明，各种各样钢的疲惫特性所受表层问题的影响不一样。钢的抗压强度愈高，疲劳强度减少愈大。

3. 尺寸的影响

尺寸对疲劳强度的不良影响的表述具体有内应力集中梯度方向的影响。尺寸不一样，在同样的承重方法下，零件的内应力集中梯度方向不一样。假如较大内应力集中值比同样大容量零件的高内应力集中地区大，从统计概率看，造成疲惫裂痕的概率大。

4. 其他因素的影响

（1）频率的影响。汇总目前的测试数据信息，可以把载入频率分成以下三种范畴：

①一切正常频率（6～300HZ）。

②低频率（0.1～5HZ）。

③高频率（301～100000HZ）。

（2）载荷类型的影响。零件遭受的外负载有拉压、弯折、扭曲三种类型。

（3）环境因素的影响。疲劳测试是使试件表层与周边空气直接接触，加循环系统拉压或弯折负载并在常温下实现的。但在一些具体运用中，规定零件在高过或小于室内温度的环境温度下工作，或规定在浸蚀工作环境，或支承方法并不是拉压和弯折，而是翻转触碰等。这儿所讲的温度、浸蚀自然环境和支承方法等，都归属于环境要素。

## （二）提高机械零件疲劳强度的措施探析

### 1. 合理选材

机械零件的生产原材料是决定零件疲劳强度的一个主要要素，在制造零件之前最先需要在零件材料上考虑到。在考虑零件的材料上一般要留意材料的内应力集中值、敏感度、强度、延展性，尽可能降低零件上的应力集中的影响，是提高零件疲劳强度的首要措施。零件结构形状和尺寸的突变是应力集中的结构根源。在机械设备运作历程中，机械零件受高温、高压等各种原因影响，产生衰老、损坏。因此，在机械零件的生产过程中，需要对机械零件自身品质严格把关，尤其是对机械零件疲劳强度要很好掌握。

2.降荷、降温设计

根据之前的研究发现，当交替变化内应力集中较低时，机械零件的疲劳强度更高一些，对破裂状况的产生有一定减缓功效。因而，在现实制造中可以对零件的交替变化内应力集中操纵在一定区域内，交替变化内应力集中不可太低，不然零件会发生过载状况。

3.避免和减缓应力集中

在应力集中较大的地点最易于产生零件疲惫损坏的情况，由于应力的过度集中化是产生裂痕状况的首要原因。在对它进行设计的操作过程中需要留意对这一点的解决，以防产生应力集中过度密集的状况。可是在具体采用的历程中，不太可能合理、彻底地避免这一情况，因此在设计时只需尽量地避免应力集中过度密集的状况就可以。

4.减小表面上微观不平的凹谷，改善零件表面的抗疲劳性能

（1）冗余技术法。它是对欠缺零构件事前配备同样构造的设计方法。就像飞机场设计中提升发动机的数量，当一个发动机出常见故障时，预留发动机参与工作，确保了安全。

（2）安全性应用限期设计法。对零配件采用比较有限使用寿命设计，这就要规定精确的可能使用寿命。当到使用期限时，按时拆换零配件。这时，应留意构造的。降低预制构件热应力集中和应力集中。

（4）保险装置与检测服务设计。用数据信号监管设备，使反常现象得到表明，以防患于未然。自主监管与自主校准的闭试意见反馈自动控制系统是当今安全性设计的发展前景。

# 第三节　机械零件的接触强度

## 一、变应力

### （一）变应力类型

1.稳定循环变应力

随时间按一定规律周期性变化，且变化幅度保持恒定的变应力，称为

稳定循环变应力。或者说变化周期相同、变化幅度相等的变应力就是稳定循环变应力。例如，胶带运输机减速器中的轴上弯曲应力就近似于稳定循环变应力。

2. 不稳定循环变应力

（1）规律性的不稳定循环变应力。凡大小和变化幅度都按一定规律周期性变化的应力，称为规律性的不稳定循环变应力。例如，开坯轧钢机的轧辊上的弯曲应力就近似于这种变应力。

（2）无规律性的不稳定循环变应力。凡大小和变化幅度都不呈周期性而带有偶然性的变应力，称为无规律性的不稳定循环变应力，也叫随机变应力。例如，汽车行走机构的零件上的应力就属于这种变应力。

因瞬时过载引起的过载应力或因冲击而产生的冲击应力，称为尖峰应力。例如，汽车碰撞时零件上产生的应力，或轧钢机翻钢时钢锭与滚道冲击时产生的应力。由于尖峰应力出现次数一般很少，而且作用时间很短，在设计机械零件时，通常不将它们作为循环变应力处理，而作静应力或冲击应力来处理。

对于随机变应力，由于不呈周期性变化，设计时，一般根据经验或按统计学方法来处理。

## （二）接触应力

接触应力也称为赫兹应力，它的计算是弹性力学问题。对于线接触（二圆柱体轴线彼此平行相接触），在受到外载荷作用时，接触应力可由弹性力学计算式得到：

$$\sigma_H = \sqrt{\frac{\dfrac{F}{B}\left(\dfrac{1}{\rho_1} \pm \dfrac{1}{\rho_2}\right)}{\pi\left(\dfrac{\mu_1^2}{E_1} + \dfrac{\mu_2^2}{E_2}\right)}} = \sqrt{\frac{p\left(\dfrac{1}{\rho_1} \pm \dfrac{1}{\rho_2}\right)}{\pi\left(\dfrac{\mu_1^2}{E_1} + \dfrac{\mu_2^2}{E_2}\right)}} \tag{1-1}$$

式中：$F$——作用于接触面上的总压力；

$B$——初始接触线长度；

$p=F/B$——单位接触线上的载荷；

$\rho_1$、$\rho_2$——分别为两零件初始接触线处的曲率半径。

## 二、机械零件的接触强度

机械零件在交变接触应力的作用下，其表层材料产生塑性变形，进而导致表面硬化，并在表面接触处产生初始裂纹。当润滑油被挤入初始裂纹中后，与之接触的另一零件表面在滚过该裂纹时会将裂纹口封住，使裂纹中的润滑油产生很大的压力，迫使初始裂纹扩展。当裂纹扩展到一定深度后，必将导致表层材料局部脱落，这会使零件表面出现鱼鳞状凹坑，这种现象称为疲劳点蚀。润滑油的黏度越低，越易进入裂纹，疲劳点蚀的发生也就越迅速。零件表面发生疲劳点蚀后，就破坏了零件的光滑表面，减小了接触面积，因而降低了其承载能力，并引起振动和噪声。疲劳点蚀裂纹常是齿轮、滚动轴承等零部件的主要失效形式。

# 第四节　机械零件的耐磨性

## 一、摩擦与磨损

### (一) 摩擦

1.摩擦的定义和分类

两个接触表面做相对运动或有相对运动趋势时，将会有阻止其产生相对运动的现象，这种现象就称为摩擦。通常，摩擦的大小可通过摩擦系数来衡量。

机械中常见的摩擦有内摩擦和外摩擦两大类。

内摩擦——发生在物质内部，阻碍分子间相对运动。

外摩擦——发生在物体接触表面上，阻碍其相对运动。

其中，外摩擦根据摩擦副的运动状态分为静摩擦和动摩擦，按摩擦副的运动形式分为滑动摩擦和滚动摩擦，按摩擦副的表面润滑状态分为干摩擦、边界摩擦、流体摩擦和混合摩擦。

（1）干摩擦。两滑动表面间没有任何润滑剂或保护膜的纯金属接触时的摩擦称为干摩擦。在实际工作中没有真正的干摩擦，因为任何零件的表面不仅会因为氧化而形成氧化膜，而且多少也会被含有润滑剂分子的气体湿润或受到"油污"。

（2）边界摩擦。两滑动表面被吸附在表面的边界膜隔开，摩擦性质取决于边界膜和表面吸附性能的摩擦称为边界摩擦。边界摩擦时，两表面之间虽有润滑剂存在，但不能将两表面完全隔开，微观状态下仍有凸起表面的金属发生直接接触。

（3）流体摩擦。两滑动表面被一层流体膜完全隔开，摩擦性质取决于流体内部分子间黏性阻力的摩擦称为流体摩擦，它是最理想的一种摩擦状态。在工程上，最常见的流体摩擦有液体摩擦和气体摩擦两种形式。

（4）混合摩擦。当摩擦状态处于边界摩擦及流体摩擦的混合状态时称为混合摩擦。

边界摩擦、混合摩擦及流体摩擦都必须具备一定的润滑条件，所以相应的润滑状态也常分别称为边界润滑、混合润滑及流体润滑。

2. 影响摩擦的主要因素

摩擦是一个很复杂的现象，其大小（用摩擦系数的大小来表示）与摩擦副材料的表面性质、表面形状、周围介质、环境温度、实际工作条件等有关。设计时，为了能充分考虑摩擦的影响，将其控制在许用的约束条件范围之内。影响摩擦的主要因素有以下几点：

（1）金属的表面膜。大多数金属的表面在大气中会自然生成与表面结合强度相当高的氧化膜或其他污染膜。也可以人为地用某种方法在金属表面上形成一层很薄的膜，如硫化膜、氧化膜，来降低摩擦系数。

（2）摩擦副的材料性质。金属材料摩擦副的摩擦系数随着材料性质的不同而异。一般来说，互溶性较大的金属摩擦副，其表面较易黏着，摩擦系数较大；反之，摩擦系数较小。材料经过热处理后也可改变它的摩擦系数。

（3）摩擦副的表面粗糙度。摩擦副在塑性接触的情况下，其干摩擦系数为一定值，不受表面粗糙度的影响。而在弹性或弹塑性接触的情况下，干摩擦系数则随表面粗糙度数值的减小而增加；如果在摩擦副间加入润滑油，使之处于混合摩擦状态，此时如果表面粗糙度数值减小，则油膜的覆盖面积增大，摩擦系数将减小。

（4）摩擦表面间的润滑情况。在摩擦表面间加入润滑剂时，将会大大降低摩擦表面间的摩擦系数，但润滑的情况不同、摩擦副处于不同的摩擦状态时，其摩擦系数的大小不同。在一般情况下，干摩擦的摩擦系数最大，边界摩擦、混合摩擦次之，流体摩擦的摩擦系数最小。两表面间的相对滑动速度增加且润滑剂的供应较充分时，容易获得混合摩擦或流体摩擦，因而摩擦系数将随着滑动速度的增加而减小。

3. 摩擦的约束性质

在机械中，摩擦具有两方面的性质：一方面可以利用摩擦，如摩擦带传动、摩擦离合器、摩擦式制动器和螺纹连接等，都必须依靠摩擦来工作。另一方面，摩擦会带来能量损耗，造成机械效率降低，还会转变成热，使机器的工作温度上升，影响机器的正常工作。此外，摩擦还会引起振动和噪声等，这些都是有害的一面。由于摩擦的二重性，机械设计中的摩擦约束条件也有两个方面：需要利用摩擦时，摩擦（通常用摩擦力或摩擦力矩来表示）必须足够大，以保证机器工作的可靠性；当摩擦有害时，就要尽量减少摩擦（即摩擦系数），其约束的条件可以用摩擦系数不超过许用值、温升不超过许用值、效率不低于许用值或摩擦的能耗不超过许用值等来保证。

## （二）磨损

1. 磨损的定义和分类

由于两个工件的表面相对运动产生摩擦，导致工件表面材料的不断消失或损失的现象，称为磨损。

磨损产生的原因和表现形式是非常复杂的，可以从不同的角度对其进行分类。磨损大体上可概括为两种：一种是根据磨损结果而着重于对磨损表面外观的描述，如点蚀磨损、胶合磨损、擦伤磨损等；另一种则是根据磨损机理来分类，如黏附磨损、磨粒磨损、表面接触疲劳磨损、腐蚀磨损等。

2. 磨损的过程

运动副之间的摩擦将导致零件表面材料的逐渐丧失或迁移，即形成磨损。磨损会影响机器的效率，降低机器的可靠性，甚至使机器提前报废。因此，在设计时应预先考虑如何避免或减轻磨损，以确保机器达到设计寿命，是具有很大的现实意义的。另外也应当指出，工程上也有不少利用磨损作用的情况，如精加工中的磨削及抛光、机器的"磨合"过程等，都是磨损的有用方面。

磨损过程大致可分为三个阶段，即跑合磨损阶段、稳定磨损阶段和剧烈磨损阶段。

在跑合磨损阶段磨损速度很快，随后逐渐减慢而进入稳定磨损阶段。稳定磨损阶段中机件以平稳缓慢的速度磨损，这个阶段的长短代表着机件使用寿命的长短，该阶段是摩擦副的正常工作阶段。剧烈磨损阶段是因为经过了稳定磨损阶段后，精度降低、间隙增大，从而产生冲击、振动和噪声，磨损加剧，温度升高，短时间内使零件迅速报废。

3.影响磨损的因素

磨损也具有二重性。其一，新机器使用之前的"磨合"磨损，对延长机器的使用寿命有益；为了降低表面粗糙度，对机械零件进行磨削、研磨和抛光等精加工及对刀具的刃磨等。其二，磨损会降低机器的精度和可靠性，从而降低其使用寿命。

磨损是机械设备失效的重要原因。为了延长机器的使用寿命和提高机器的可靠性，设计时必须重视有关磨损的问题，尽量延长稳定磨损阶段，推迟剧烈磨损阶段。

影响磨损的因素很多，其中主要有表面压强或表面接触应力的大小、相对滑动速度、摩擦副的材料、摩擦副表面间的润滑情况等。因此，在机械设计中，控制磨损的实质主要是控制摩擦表面间的压强（或接触应力）、相对运动速度等不超过许用值。除此以外，还应采取适当的措施，尽可能地减少机械运行中的磨损。

4.减少磨损的措施

为了减少摩擦表面的磨损，设计时要了解各种磨损产生的原因，采取必要的措施延长材料的使用寿命。

（1）正确选用材料。正确选用摩擦副的相配材料，是减少磨损的主要措施：当以黏附磨损为主时，应选用互溶性小的材料；当以磨粒磨损为主时，则应当选用硬度高的材料，或设法提高所选材料的硬度，也可选用抗磨损的材料；如果是以疲劳磨损为主，除应选用硬度高的材料之外，还应减少钢中的非金属夹杂物，特别是脆性的带有尖角的氧化物，它们对疲劳磨损影响甚大。

（2）进行有效的润滑。润滑是减少磨损的重要措施。根据不同的工况条件，正确选用润滑剂，使摩擦表面尽可能在液体摩擦或混合摩擦的状态下工作。

（3）采用适当的表面处理。为了降低磨损，提高摩擦副的耐磨性，可采用各种表面处理。如刷镀 $0.1 \sim 0.5\mu m$ 的六方晶格的软金属（如 Cd）膜层，可使黏附磨损减少约三个数量级。也可采用 CVD（化学汽相淀积）处理，在零件摩擦表面上沉积 $10 \sim 1000\mu m$ 的高硬度的 TiC 覆层，可大大降低磨粒磨损程度。

（4）改进结构设计，提高加工和装配精度。如正确的配套结构设计，可以减少摩擦磨损。例如，轴与轴承的结构设计应该有利于表面膜的形成与恢复，压力的分布应当是均匀的，而且还应有利于散热和磨屑的排出等。

（5）正确地使用、维修与保养。例如，新机器使用之前的正确"磨合"，可以延长机器的使用寿命。经常检查润滑系统的油压、油面密封情况，对轴承等部位定期润滑，定期更换润滑油和滤油器芯，以阻止外来磨料的进入，对减少磨损等都十分重要。

### （三）机械设计中的润滑问题

润滑是减少摩擦和磨损的有效措施之一。所谓润滑就是向承载的两个摩擦表面之间注入润滑剂，以改善摩擦、减少磨损；同时润滑剂还能起减振、防锈等作用，液体润滑剂还能带走摩擦热、污物等。

润滑时，应首先根据工况等条件，正确选择润滑剂和润滑方式。润滑剂在润滑过程中起着十分重要的作用，主要可归纳如下：

（1）降低机器的摩擦功耗，从而可节约能源。

（2）减少或防止机器摩擦副零件的磨损。

（3）由于摩擦功耗的降低，因摩擦而引起的发热量将大大减少；此外，润滑剂还可以带走一部分热量。因而，润滑剂具有较好的降温作用。

（4）润滑膜可以隔绝空气中的氧和腐蚀性气体，从而保护摩擦表面不受锈蚀。所以，润滑剂也有防锈的作用。

（5）由于润滑膜具有弹性和阻尼作用，因而润滑剂还能起缓冲和减振作用。

（6）循环润滑的液体润滑剂，还可以清洗摩擦表面，将磨损产生的颗粒及其他污物带走，起密封、防尘的作用。

## 二、机械零件的耐磨性提升与表面强化技术探究

### （一）机械零件的耐磨性挑战与问题探究

机械零件的耐磨性一直以来都是工程领域关注的重要问题，因为耐磨性的不足会导致机械设备的磨损、故障和提前损坏，进而影响生产效率和维护成本。因此，了解机械零件在实际运用中所面临的耐磨性挑战和问题是至关重要的。机械零件在各种应用中都扮演着关键的角色，但它们常常受到重负荷、高速度和恶劣环境的影响，这就使得耐磨性成为一个突出的问题。机械零件的耐磨性问题表现为磨损、摩擦和腐蚀等方面的损害，这些问题可能导致零件的性能下降，甚至引发设备故障。例如，发动机零件、轴承、齿轮和密封件等零件常常在高温高压、高速旋转和恶劣润滑条件下工作，容易受到严重的摩擦和磨损，降低其寿命和可靠性。

耐磨性问题不仅影响机械设备的性能，还增加维护和更换零件的成本。维护和更换零件需要时间和金钱投入，特别是在工业生产和制造领域，这将对生产计划和成本控制产生负面影响。因此，了解机械零件的耐磨性问题，探究其原因和机制，对于降低维护成本、提高设备可靠性和延长零件寿命具有重要意义。机械零件的耐磨性挑战也涉及多种因素，包括材料的选择、表面处理、润滑、工作条件等。不同的应用领域可能面临不同的耐磨性问题，因此需要特定的解决方案。例如，在采矿和冶金工业中，由于高负荷和恶劣工作环境，机械零件容易受到严重的磨损和腐蚀。而在航空航天领域，机械零件必须能够在高温和高速条件下工作，因此对于高温耐磨材料和润滑技术的需求也更为迫切。

机械零件的耐磨性挑战和问题对于工程领域具有重要性，它们影响着机械设备的性能、可靠性和维护成本。在解决这些问题方面，需要深入研究机械零件的耐磨性机制、材料和表面处理技术，以找到创新的解决方案，提高机械设备的可靠性，降低维护成本，从而促进工程领域的可持续发展。

### (二) 表面强化技术的应用与效果分析

机械零件的耐磨性问题一直以来备受关注。为了解决这一问题，工程领域进行了广泛的研究与实践，其中表面强化技术成为一种关键方法。表面强化技术是通过改进机械零件的表面结构和性质，以增强其耐磨性和抗磨损性能的一种手段。这一技术的应用和效果对机械零件的性能改善具有重要作用，本节将深入探讨其应用领域和实际效果。表面强化技术包括多种方法，其中热处理、涂层、表面改性等是最常见和有效的手段。热处理是通过改变材料的晶体结构，提高其硬度和耐磨性。不同的热处理工艺，如淬火、回火和渗碳等，可以根据机械零件的用途和要求来选择。涂层技术包括喷涂、电镀和化学沉积等，通过在零件表面涂覆特定材料，如陶瓷、金属或聚合物，以增强其耐磨性。表面改性方法包括喷丸、镗削和激光处理，通过改变表面形貌和材料性质，提高零件的耐磨性。

这些表面强化技术的应用领域广泛，从汽车制造到航空航天、从能源行业到医疗设备，都有着重要的应用。例如，在汽车制造中，引擎零件 (如活塞、气缸套和凸轮轴) 常常采用表面强化技术，以增强其耐磨性和抗磨损性能，延长使用寿命。在航空航天领域，飞机发动机的零件也经常采用热处理和涂层技术，以满足高温高速工作条件下的要求。表面强化技术的效果在实践中得到了验证。通过适当的表面处理，机械零件的耐磨性得以显著提高，磨损和损坏的风险减少，从而提高机械设备的可靠性和使用寿命。此外，表面强化技术还有助于降低维护成本，减少设备停机时间，提高生产效率。

表面强化技术在解决机械零件的耐磨性问题方面具有广泛的应用和显著的效果。通过改进材料表面的结构和性质，这些技术可以提高零件的耐磨性和抗磨损性能，延长机械设备的使用寿命，减少维护成本，提高生产效率。这一领域的研究和实践不仅对机械工程领域具有重要意义，还为其他领域提供了有益的借鉴与启示。通过不断改进表面强化技术，我们可以进一步提高机械零件的性能，推动工程领域的发展。

### （三）提高机械零件耐磨性的未来展望

提高机械零件的耐磨性一直以来都是工程领域的重要问题，通过表面强化技术的应用，我们已经取得了显著的成果。然而，随着工程领域的不断发展和技术的进步，我们需要展望未来，以了解如何进一步提高机械零件的耐磨性，从而满足日益复杂和严苛的应用需求。未来，提高机械零件的耐磨性将依然是一个重要的研究和应用方向。随着工程领域的不断拓展，机械设备在各种环境和条件下工作，因此对机械零件的要求也会不断提高。未来的机械零件需要具备更高的耐磨性，以应对更大的负荷、更高的速度和更恶劣的工作环境。我们可以期待更多创新的表面强化技术的涌现。这些技术将更加高效、环保，同时具有更广泛的应用领域。例如，纳米材料和涂层技术的进步可以为机械零件提供更强的耐磨性，而无需增加零件的尺寸和重量。此外，智能材料和传感器技术的发展可以实现实时监测和自动维护，从而提高机械设备的自主性和可靠性。研究还将关注生物启发和可持续性方面的创新。生物学中的一些结构和材料，如鲨鱼皮肤和莲叶表面，具有出色的抗磨损性能，这些生物启发的设计可以为机械零件提供新的思路。此外，可持续性也将成为未来研究的重要方向。我们需要寻找更环保和节约资源的表面强化技术，以减少对环境的影响。

## 第五节　机械零件常用的材料及其选择

### 一、机械零件常用的材料

机械零件常用的材料有钢铁、有色金属及其合金、非金属材料和复合材料。

### （一）钢

钢是指碳的质量分数为 0.02%～2.11% 的铁碳合金，它是机械零件应用最广的材料，具有较好的强度、韧性、塑性等，并可通过热处理来改善力学性能和工艺性能。钢制零件的毛坯可由锻造、碾轧、冲压、焊接或铸造等方法获得。按化学成分，钢分为碳素钢和合金钢两大类。按用途，钢又分为结构钢、工具钢和特殊性能钢。结构钢用于制造一般的零件，是机电设备中用得最多的材料之一；工具钢主要用于制造工具量具和模具刃具；特殊钢用于制造具有不锈、耐热、耐酸等特殊性能的零件。碳素钢的力学性能主要取决于碳的质量分数，碳的质量分数低于 0.25% 的为低碳钢，其抗拉强度和屈服强度较低，但塑性和可焊性好；碳的质量分数在 0.25%～0.60% 的是中碳钢，它有较高的强度，又有一定的塑性和韧性，综合力学性能较好；碳的质量分数在 0.60% 以上的为高碳钢，其强度高、韧性低、弹性好但塑性差。

常用的碳素结构钢有 Q215、235、Q275 等，牌号中的数字表示其屈服强度。因它主要保证力学性能，故一般不进行热处理，用于制造受载不大，且主要处于静应力状态下的一般零件，如螺钉、螺母、垫圈等。常用的优质碳素结构钢有 15 钢、20 钢、35 钢、45 钢等，它以平均万分数的碳的质量分数做牌号，既保证力学性能，又保证化学成分，可进行热处理，用于制造受载较大或承受一定冲击载荷或变载的较重要的零件，如一般用途的齿轮、蜗杆、轴等。

合金结构钢是在优质碳素结构钢中掺入适当的合金元素冶炼而成的钢。例如，锰（Mn）能提高强度和韧性；钼（Mo）的作用类似锰，但影响更大；镍（Ni）可提高强度而不降低韧性；硅（Si）可提高弹性和耐磨性，但降低韧性；铬（Cr）能提高硬度和耐磨性；钒（V）能提高强度和韧性。合金元素质量分数低于 5.00% 的钢称为低合金钢，高于 5.00% 的则称为高合金钢。合金钢的热处理工艺性好，但价格高，对应力集中较敏感。

合金钢也分为合金结构钢、合金工具钢、特殊合金钢等。机械零件常用的是合金结构钢，它的牌号是在表示碳质量分数的万分数的两位数字后，加注所含主要合金元素的符号和一位数表示其元素平均质量分数百分数含量的数字；当元素含量小于 1.50% 时，不注含量。如合金结构钢 12CrNi2 表示各元素平均质量分数：碳为 0.12%，铬为小于 1.50%，镍为 1.50%～2.50%。

较大的零件可用铸钢制造，其牌号前冠以字母 ZG，强度稍低于同牌号的锻钢或型钢。铸钢的铸造性比灰铸铁差，故铸钢件的壁厚、连接处的圆角和过渡部分的尺寸均应比灰铸铁的稍大。

## (二) 铸铁

铸铁是指碳的质量分数大于 2.11% 的铁碳合金,它的铸造工艺性好,适于制造形状复杂的零件,且价格低廉。铸铁的缺点是抗拉强度、塑性和韧性较差,不能锻造或碾轧。铸铁分为灰铸铁 (牌号前冠以字母 HT)、球墨铸铁 (QT)、可锻铸铁 (KT) 等。灰铸铁除铸造性能良好外,其切削性、减摩性、减振性也较好,抗压强度约为抗拉强度的 4 倍,常用作受压载荷、尺寸大,形状复杂的零件,如箱体、机座、带轮等。球墨铸铁因所含石墨呈球状而得名,其力学性能接近低碳钢,常用来替代钢,制造曲轴等承受冲击载荷且形状复杂的零件。

## (三) 有色金属及其合金

机械零件常用的有色金属材料主要有铜、铝、锌及其合金和轴承合金等。

### 1. 铜合金

铜合金不仅具有良好的减磨性和耐磨性,还具有优良的导电、导热、耐蚀性和延展性。铜合金分黄铜和青铜两大类。黄铜是铜锌合金,其强度和耐蚀性较好。青铜又分锡青铜 (又称普通青铜) 和无锡青铜 (特殊青铜) 两种,前者是铜锡合金,后者是铜和铝、铁、铅等的合金。锡青铜的减摩性、耐磨性较无锡青铜好,但强度稍差。铜合金可通过铸造或碾轧来制备毛坯,铸造的强度低,但可制造形状复杂的零件。铜合金是制造轴承、蜗轮等的主要材料。

### 2. 轴承合金

轴承合金又称巴氏合金,是锡、铅、锑、铜等的合金,具有优良的减摩性、耐磨性和导热性,是制造滑动轴承衬和轴瓦的专用材料。

## (四) 粉末冶金材料

粉末冶金材料是用铁、铜等金属粉末 (或某些非金属粉末) 压制而成形状,再经高温烧结而成的。其特点是呈多孔状,孔中能储油而成为自润滑材料;耐磨性、透气性好;工艺性能好、材料利用率高;成本较低。在机械设计中,粉末冶金可作为减摩材料、摩擦材料和过滤材料。

### (五) 非金属材料

工程塑料、橡胶、皮革、陶瓷、木材、石材等都是非金属材料。工程塑料具有重量轻、绝缘、耐热、耐蚀、耐磨、注塑成型方便等优点，近年来得到广泛的应用。橡胶除具有弹性，能缓冲吸振外，还具有耐磨、绝缘等性能，多用于制造胶带、密封垫圈、轮胎、减振零件等。

### (六) 复合材料

复合材料是由两种或两种以上的金属或非金属材料复合而成的新材料，能够获得比单一材料更加优越的性能。按材料的增强结构形式不同，复合材料分为纤维增强复合材料、层叠复合材料和颗粒复合材料三类。如用金属、陶瓷、塑料等材料做基材，用纤维强度很高的玻璃、石墨、硼等做纤维，复合成各种纤维增强复合材料，可用于制造压力容器、车辆外壳等。此外，碳纤维树脂复合材料，其强度、韧性可与高强度钢媲美，重量轻，且具有优良的耐磨、减摩及自润滑性、耐蚀性、耐热性等，在工业、军工和生活用品中得到了广泛应用。复合材料性能优越，发展前景广阔，是现代材料科学的重点研究领域。

## 二、机械零件材料的选择

材料的性能指标很多。在机械设计中，应根据不同零件、不同使用条件和环境对材料进行选择，一般应考虑以下三个方面的要求。

### (一) 使用性能要求

机械零件的使用要求表现为以下几点。

(1) 零件的工作状况和受载情况以及为避免相应的失效形式而提出的要求。工作状况是指零件所处的环境特点、工作温度及摩擦和磨损的程度等。在湿热环境或腐蚀介质中工作的零件，其材料应具有良好的防锈和耐腐蚀能力。在这种情况下，可先考虑使用不锈钢、铜合金等。工作温度对材料选择的影响主要有两个方面：一方面要考虑互相配合的两零件材料的线膨胀系数不能相差过大，以免在温度变化时产生过大的热应力或者使配合松动；另一方面也要考虑材料的力学性能随温度而改变的情况。在滑动摩擦下工作的零件，要提高其表面硬度，以增强耐磨性，应选择适于进行表面处理的淬火钢、渗碳钢、氮化钢等品种或选用减摩和耐磨性能好的材料。

受载情况是指零件受载荷、应力的大小和性质。脆性材料原则上只适用于制造在静载荷下工作的零件；在有冲击的情况下，应以塑性材料作为主要使用的材料；对于表面受较大接触应力的零件，应选择可以进行表面处理的材料，如表面硬化钢；对于受应变力的零件，应选择耐疲劳的材料；对于受冲击载荷的零件，应选择冲击韧性较高的材料；对于尺寸取决于强度而尺寸和质量又受限的零件，应选择强度较高的材料；对于尺寸取决于刚度的零件，应选择弹性模量较大的材料。

金属材料的性能一般可通过热处理加以提高和改善，因此要充分利用热处理的手段来发挥材料的潜力；对于最常用的调制钢，由于其回火温度的不同；可得到力学性能不同的毛坯。回火温度越高，材料的硬度和刚度将越低，而塑性越好。所以，在选择材料的品种时，应同时规定其热处理规范，并在图样上注明。

（2）对零件尺寸和质量的限制。零件尺寸及质量的大小与材料的品种及毛坯的制造方法有关。生产铸造毛坯时一般可以不受尺寸及质量大小的限制；而生产锻造毛坯时，则需注意锻压机械及设备的生产能力。此外，零件尺寸和质量的大小还和材料的强重比有关，应尽可能选择强重比大的材料，以便减小零件的尺寸及质量。

（3）零件在整机及部件中的重要程度。

（4）其他特殊要求（如是否需要绝缘、抗磁等）。

### （二）加工工艺要求

常用加工工艺有注塑、冲压、铸造、锻造、切割与切削加工、焊接、热处理、表面处理、涂饰等。不同材料适合不同的加工工艺，差别很大。加工工艺对零件能否制成某种形状以及加工成本有很大的影响。零件的材料应与制造工艺相适应，一般结构复杂的箱、壳、架、盖等零件多选用铸铁；尺寸大且生产批量小时可选用焊接；形状简单、强度要求较高的零件可采用锻造；需要热处理的零件，应选用热处理性能好的材料，如合金钢；对精度要求高、需切削加工的零件，宜选用切削加工性能好的材料。

### (三) 经济性要求

在机械产品的成本中，材料成本一般占 1/4 ~ 1/3。应在满足使用要求的前提下，尽量选用价格低廉的材料。例如，用球墨铸铁代替钢材；用工程塑料代替有色金属；采用热处理或表面强化处理，充分发挥材料的潜在力学性能；设计组合式零件结构以节约贵重金属。精铸、精锻等少切削或无切削加工工艺虽需一定的设备投资，但能提高材料的利用率，对大批量生产可大幅度降低成本，尤其对贵重金属效果更为明显。经济性还应考虑生产费用。铸铁虽比钢便宜，但在单件或小批量生产时铸模加工费用相对较大，故有时可用焊接件代替铸件。

# 第六节　极限与配合、表面粗糙度和优先数系

## 一、极限与配合

### (一) 间隙与过盈

1. 间隙

孔的尺寸减去相结合轴的尺寸所得的代数差为正时，称为间隙。间隙用大写字母"$X$"表示。

2. 过盈

孔的尺寸减去相结合轴的尺寸所得的代数差为负时，称为过盈。过盈用大写字母"$Y$"表示。

### (二) 配合

基本尺寸相同，相互结合的孔和轴公差带之间的关系称为配合。其具有两个含义：一是指基本尺寸相同的轴和孔装到一起；二是指轴和孔的公差带大小，相对位置决定配合的精确程度和松紧程度。前者说的是配合的条件，后者反映了配合性质。

1. 配合的种类

根据机器的设计要求和生产实际的需要，孔与轴之间的配合有松有紧，国家标准将配合分为三类。

(1) 间隙配合。孔的实际尺寸总比轴的实际尺寸大。装配在一起后，即使轴的实际尺寸为最大极限尺寸，孔的实际尺寸为最小极限尺寸，轴与孔之间仍有间隙，轴在孔中能自由转动。孔的公差带完全在轴的公差带之上 (包括最小间隙为 0)。

(2) 过盈配合。孔的实际尺寸总比轴的实际尺寸小，装配时需要一定外力或使带孔零件加热膨胀后才能把轴装入孔中。孔与轴装配后不能做相对运动。孔的公差带完全在轴的公差带之下，任取其中一对轴和孔相配都成为具有过盈的配合 (包括最小过盈为 0)。

(3) 过渡配合。轴的实际尺寸比孔的实际尺寸有时小，有时大。孔轴装配后，轴比孔小时能活动，但比间隙配合稍紧；轴比孔大时不能活动，但比过盈配合稍松。这种介于间隙与过盈之间的配合，称为过渡配合。孔和轴的公差带相互交叠。

2. 配合公差

配合公差是允许间隙或过盈的变动量，用 "$T_f$" 表示。配合公差反映配合的松紧程度，即配合精度，它取决于配合的孔与轴的尺寸公差。

间隙配合: $T_f = | X_{max} - X_{min} | = T_b + T_n$

过盈配合: $T_f = | Y_{min} - Y_{max} | = T_b + T_n$

过渡配合: $T_f = | X_{max} - Y_{max} | = T_b + T_n$

由上可知，配合公差 $T_f$ 都等于相配孔的公差和轴的公差之和。它是允许间隙或过盈的变动量，是一个没有符号的绝对值。配合精度与零件的加工精度有关，若要配合精度高，则应降低零件的公差，即提高工件本身的加工精度。

**(三) 基准制**

基准制是公差与配合标准。对孔与轴公差带之间的相互位置关系，规定了两种基准制：基孔制和基轴制。

1. 基孔制

基孔制是基本偏差固定不变的孔的公差带与不同基本偏差的轴公差带

形成各种配合的一种制度。基孔制中的孔称为基准孔，用 H 表示。基准孔以下偏差为基本偏差，且数值为 0。

2. 基轴制

基轴制是基本偏差固定不变的轴的公差带与不同基本偏差的孔公差带形成各种配合的一种制度。基轴制中的轴称为基准轴，用 h 表示；基准轴的上偏差为基本偏差且等于 0。

### (四) 标准公差与基本偏差

公差带是由"公差带大小"和"公差带位置"两个要素组成的。"公差带大小"由"标准公差"来确定，"公差带位置"由"基本偏差"来确定。

1. 标准公差

标准公差是用以确定公差带大小的任一公差。国家标准将公差等级分为 20 级：IT01、IT0、IT1～IT18。"IT"表示标准公差，公差等级的代号用阿拉伯数字表示。IT01～IT18，精度等级依次降低。标准公差等级数值可查有关技术标准。

2. 基本偏差

基本偏差是指在国家标准的极限与配合制中，决定公差带相对于 0 线位置的那个极限偏差，它可以是上偏差或下偏差，一般是指靠近 0 线的那个偏差。根据实际需要，国家标准分别对孔和轴各规定了 28 个不同的基本偏差。图中基本偏差用拉丁字母表示，大写字母代表孔，小写字母代表轴。公差带位于 0 线之上，基本偏差为下偏差；公差带位于 0 线之下，基本偏差为上偏差。

3. 孔、轴的公差带代号

公差带代号由基本偏差与公差等级代号组成，并且要用同一号字母和数字书写。

## 二、表面粗糙度和优先数系

表面粗糙度是反映零件表面微观几何形状误差的一个重要技术指标，是检验零件表面质量的主要依据。在机械零件设计中主要有计算法、试验法和类比法。应用最普遍的是类比法，现有的各种机械设计手册中都提供了较全面的资料和文献。最常用的是与公差等级相适应的表面粗糙度。在通常情况下，机械零件尺寸公差越小，机械零件的表面粗糙度值也越小，但是它们之间又不存在固定的函数关系。例如，一些机器、仪器上的手柄、手轮以及卫生设备、食品机械上的某些机械件的修饰表面，它们的表面要求加工得很光滑，即表面粗糙度要求很高，但其尺寸公差要求却很低。在一般情况下，有尺寸公差要求的零件，其公差等级与表面粗糙度数值之间还是有一定的对应关系的。

在实际工作中，对于不同类型的机器，其零件在相同尺寸公差的条件下，对表面粗糙度的要求是有差别的。这就是配合的稳定性问题。在机械零件的设计和制造过程中，对于不同类型的机器，其零件的配合稳定性和互换性的要求是不同的，在现有的机械零件设计手册中主要有三种类型。

第一类主要用于精密机械。对配合的稳定性要求很高，要求零件在使用过程中或经多次装配后，其零件的磨损极限不超过零件尺寸公差值的10%。其主要应用在精密仪器、仪表、精密量具的表面，极重要零件的摩擦面，如汽缸的内表面、精密机床的主轴颈、坐标镗床的主轴颈等。

第二类主要用于普通的精密机械。对配合的稳定性要求较高，要求零件的磨损极限不超过零件尺寸公差值的25%，要求有很好密合的接触面。其主要应用在机床、工具、与滚动轴承配合的表面、锥销孔、相对运动速度较高的接触面，如滑动轴承的配合表面、齿轮的轮齿工作面等。

第三类主要用于通用机械。要求机械零件的磨损极限不超过尺寸公差值的50%，没有相对运动的零件接触面，如箱盖、套筒，要求紧贴表面、键和键槽的工作面；相对运动速度不高的接触面，如支架孔、衬套、带轮轴孔的工作表面、减速器等。

# 第七节　机械零件的工艺性及标准化

## 一、机械零件的工艺性

机械零件的工艺性是现代工业生产中提高效益、确保产品质量的关键。零件的结构工艺性是指所设计的零件在能满足使用要求的前提下，制造的可行性和经济性。它既是评价零件结构设计优劣的技术指标之一，又是零件结构设计的结果。零件的结构设计就是要确定零件的形状、尺寸、配合精度、制造精度等。

### (一) 基本内容

其基本要求包括以下几个方面：

（1）毛坯选择合理。选用型材、铸造、锻造、冲压、焊接等；毛坯选择与生产批量、材料性能、加工可能性有关，单件或小批量生产时选用棒料、板材、型材或焊件；批量生产时，往往选用铸造、锻造、冲压等方法。

（2）结构简单合理。最好采用平面、柱面、螺旋面等简单表面及其组合，尽量减少加工面数和加工面积，增加相同形状、相同元素的数量，尽量采用标准件。

（3）合理的制造精度和表面粗糙度。零件的加工成本随精度和表面粗糙度要求的提高而急剧增加；在满足使用要求的前提下，尽量采用较低的精度和表面粗糙度。

（4）毛坯形状和尺寸应尽量接近零件本身的形状和尺寸；力求使用较少或无切削加工，节约材料，降低成本；尽量采用精密铸造、精密锻造、冷轧、冷挤压粉末冶金等。

### (二) 基本原则

零件加工的状态有毛坯加工、精加工、装配等；机械加工的方法有锻、铸、焊、热轧等，热加工方法有切削、冲压、冷拉等，冷加工方法有"特种加工"方法等。零件结构的切削加工工艺性指所设计的零件在满足使用性能要求的前提下其切削成形的可行性和经济性，即切削成形的难易程度。机器中大部分零件的尺寸精度、表面粗糙度、形状精度和位置精度，最终要靠切削加工来保证。因此，在设计需要进行切削加工的零件结构时，还应考虑切削加工工艺的要求。它应遵循以下原则：

（1）零件的结构形状应便于加工、测量，加工表面应尽量简单；并尽可能布置在同一平面上或同一轴线上，以利于提高切削效率。

（2）不需要加工的毛坯面或要求不高的表面，不要设计成加工面或高精度、低表面粗糙度值要求的表面。

（3）零件的结构、形状应能使零件在加工中定位准确、夹紧可靠；有位置精度要求的表面，最好能在一次安装中加工。

（4）零件的结构应有利于使用标准刀具和通用量具，减少专用刀具、量具的设计与制造，同时应尽量与高效率机床和先进的工艺方法相适应。

零件结构的装配工艺性指所设计的零件在满足使用性能要求的前提下其装配连接的可行性和经济性，或者说机器装配的难易程度。所有机器都是由一些零件和部件装配调试而成的。装配工艺性的好坏，对于机器的制造成本、机器的使用性能以及将来的维修都有很大影响。零部件在装配过程中应该便于装配和调试，以便提高装配效率。此外，还要便于拆卸和维修。

## 二、机械零件的标准化

标准化是在经济、技术、科学及管理等社会实践中，对重复事务和概念，通过制定、发布和实施标准，以获得最佳秩序和效益的方法。其内容如下：

（1）产品品种规格的系列化。就是说，将同一类产品的主要参数、形式、尺寸、基本结构等依次分档，制成系列化产品，以较少的规格品种满足用户的广泛要求。

（2）零部件的通用化。将用途、结构相近的零部件（如轴承、螺栓）经过统一后实现互换。

（3）产品质量标准化。要保证产品质量合格和稳定，就必须做好设计、加工工艺、装配检验、包装储运等环节的标准化。

标准化在机械设计的应用有利于保证产品质量，减轻设计工作量，便于零部件的互换和组织专业化的大生产，以降低生产成本。

将机械中通用零部件的结构、尺寸、材料、参数和性能等指标统一规定，称为零部件的标准化。常见的标准零件有螺钉、螺母、垫圈、销子、传动带等，常见的标准构件有滚动轴承、链条、联轴节、油气阀门等，常见的标准部件有电动机、变速机、气泵液泵等。在机械设计中，通用零部件不必自己设计，查手册选购即可。

每一种标准零部件，其尺寸均按一定规律从小到大，性能指标按一定要求从低到高组成多种的型号和规格，这就是标准零部件的系列化。例如，显示器按尺寸、自行车按轮径、轴承按直径、电动机按功率形成系列等。

在产品内或系列产品间尽量采用同一规格、同一尺寸型号的零部件，减少零部件的种类，以便于制造、管理、使用、更换、维修，称为通用化。通用化是提高工效、降低成本的重要方法。

零件的标准化、系列化、通用化合起来简称"三化"。"三化"是设计应贯彻的原则，也是国家的一项技术政策。随着全球经济一体化的发展，标准化已经成为一个重要的国际性问题。企业在国际化经营过程中，经常遇到有关标准、质量认证、检测等方面的新问题。为了增强产品在国际市场的竞争能力，必须符合国际上公认的标准。我国鼓励企业积极采用国际标准和国外先进标准，现有标准已经尽可能向国际标准靠拢。

# 第二章　机械工程传动系统设计

## 第一节　机械工程传动系统设计概述

### 一、传动系统的类型及其应用

机械系统的传动子系统可按不同特征来分类。按驱动机械系统的动力源可分为电动机驱动、内燃机驱动等，而电动机驱动又有交流异步电动机（单、多速）驱动，直流并激电动机、交流调速主轴电动机驱动，交、直流伺服电动机驱动，步进电动机驱动，等等。按动力源驱动执行件的数目分为独立驱动、集中驱动和联合驱动等。按传动装置，有机械传动装置、液压传动装置、电气传动装置以及上述装置的组合。机械传动装置中又有输出速度或转速不变和输出速度或转速可变两类，而输出速度或转速变化时又可分为有级变速和无级变速。

#### (一) 无级变速传动系统

无级变速是指执行件的转速（或速度）在一定的范围内连续地变化，这样可以使执行件获得最有利的速度，能在系统运转中变速，也便于实现自动化等。机械系统中常用的无级变速装置有以下几种。

1. 机械无级调速器

机械无级调速器有钢球式（柯普型）、宽带式等多种结构，它们都是依靠摩擦力来传递转矩，通过连续地改变摩擦传动副的工作半径来实现无级变速。由于其结构简单、传动平稳、噪声小、使用维修方便、效率高，所以在各类机械（如机床、印刷机械、电工机械、钟表机械、轻工机械、纺织机械、塑料机械、化工机械等）中得到了广泛的应用。但由于摩擦副的弹性滑动，存在转速损失，故不能用于调速精度高的场合。另外，它的变速范围小，通常变速范围 $R_n$ 为 4～6，少数可达 10～15。因此，为了满足执行件调速范围的需要，常串联有级变速机构（如齿轮变速箱）。

2.液压无级变速装置

液压无级变速装置是利用油液为介质来传递动力，通过连续地改变输入液动机（或油缸）的油液流量来实现无级变速。它的传动平稳、运动换向冲击小、易于实现直线运动，因此，常用于执行件要求直线运动的机械系统中，如刨床、拉床的主传动以及组合机床的动力滑台等。

3.电气无级变速装置

电气无级变速装置是以直流并激电动机、交流变频电动机或交直流伺服电动机、步进电动机等为动力源，通过连续地变换这些电动机的转速来实现无级调速。

机械系统中的执行件在工作过程中，要求在整个变速范围内的功率、转矩特性不同，而电动机的功率、转矩特性必须与之适应。但是，不论是直流并激电动机、交流变频电动机，还是交、直流伺服电动机，只是在额定转速以上至最高转速之间为恒功率调速，变速范围小，而在额定转速以下为恒转矩的，变速范围很宽。如果执行件要求在整个变速范围内为恒功率调速，上述的无级调速器均不能适应，则须串联一个有级变速装置来扩大恒功率调速范围，如一些大型机床（立式车床、龙门刨床、镗铣床）和数控机床以及数控纤维缠绕机、数控布带缠绕机等的主运动。而对于数控机床的直线进给运动，则要求在整个变速范围内为恒转矩，此时可通过简单的固定传动链与执行件相连来满足要求。

### (二) 有级变速传动系统

由滑移齿轮、交换齿轮、交换皮带轮等变速传动副组成的传动系统可使执行件得到若干个所需要的转速，这种变速在变速范围内不能连续地变换，属于有级变速。它传递的功率大，变速范围宽，传动比准确，工作可靠，但有转速损失。有级变速较广泛地应用于通用机床，尤其是中小型通用机床中。

### 二、传动系统的组成

机械系统的种类繁多，用途各异，各种机械系统的传动也千变万化，但是它们通常由变速装置、制动装置以及安全保护装置等几个基本部分组成。确定传动系统的组成及其结构是设计传动系统的重要任务。

### (一) 变速装置

变速装置的作用是改变动力源的输出转速和转矩以适应执行件的需要。若执行件不需要变速，可采用固定传动比的传动系统或采用标准的减速器、增速器实现降速传动或升速传动。有许多机械要求执行件的运动速度或转速能够改变。例如：采煤机在不同工作条件和煤层厚度时应能改变牵引速度；推土机在不同的工况条件下工作时，应能改变行驶速度；通用金属切削机床由于工艺范围较大，要求主运动和进给运动都能在较大范围内变速，以适应加工不同直径和材料以及不同工序对精度和表面粗糙度等的要求。常用的变速方式有以下几种。

1. 交换齿轮变速

交换齿轮变速机构的特点是：结构简单，不需要变速操纵机构，轴向尺寸小，变速箱的结构紧凑；与滑移齿轮变速相比，实现同样的变速级数所用的齿轮数量少。但是，更换齿轮费时费力，交换齿轮又是悬臂安装，刚性和润滑条件较差。因此，只适用于不需要经常变速的机械，如各种自动和半自动机械。

2. 滑移齿轮变速

滑移齿轮变速机构的特点是：能传递较大的转矩和较高的转速；变速方便，通过串联变速组的办法便可实现增多变速级数的目的；没有常啮合的空转齿轮，因而空载功率损失较小。但是滑移齿轮不能在运转中变速；为便于滑移啮合，多用直齿圆柱齿轮传动，因而传动的平稳性不如斜齿圆柱轮传动。

3. 离合器变速

在离合器变速方式中，应用较多的有牙嵌式离合器、齿轮式离合器和摩擦片式离合器等。当变速机构为斜齿或人字齿圆柱齿轮传动时，不便用滑移齿轮变速，则需用牙嵌式或齿轮式离合器变速。这种变速机构的优点是：轴向尺寸小，可传递较大的转矩，传动比准确，变速时操纵省力，等等。缺点是：不能在运转中变速，各对齿轮经常处于啮合状态，磨损较大，传动效率低。摩擦片式离合器的特点是：可在运转过程中变速，接合平稳，冲击小，便于实现自动化，但轴向尺寸较长，结构复杂。

操纵摩擦片式离合器可以是机械的、电磁的或液压的，多用于自动或半自动机械系统中。

采用摩擦片式离合器变速时，离合器位置的安排应注意以下几个方面的问题：

（1）减小离合器尺寸。在没有特殊要求的情况下，应尽可能将离合器安排在转速较高的轴上，以减小传递的转矩，缩小离合器的尺寸。

（2）避免出现超速现象。超速现象是指当一条传动路线工作时，在另一条不工作的传动路线上出现传动件高速空转的现象，这种现象在两对齿轮传动比悬殊时更为严重。

4. 上述变速方式的组合

根据机械系统的不同工作特点，通常可以在传动系统中运用上述几种变速方式的组合。例如，CA6140 型卧式车床主传动系统，大部分变速组采用滑移齿轮变速方式，而在传动链的末端，为使主轴运转平稳，采用了斜齿圆柱齿轮；为了分支传动的需要，还采用了齿轮式离合器变速方式。

5. 啮合器变速

啮合器分普通啮合器和同步啮合器两种，广泛用于汽车、叉车、挖掘机等行走机械的变速箱中。这类变速箱要求运转平稳，故采用常啮合的斜齿传动，又要求在运转中变速和传递较大转矩，啮合器变速方式能满足上述要求。

普通啮合器的结构简单，但轴向尺寸较大，变速过程中易出现顶齿现象，故换档不太轻便，噪声较大。为改善变速性能，目前在中小型汽车和许多变速频率高的机械中多采用同步啮合器变速。

同步啮合器的工作原理是在变速过程中先使将要进入啮合的一对齿轮的圆周速度相等，然后才使它们进入啮合，即先同步后变速。这可避免齿轮在变速过程中产生冲击，使变速过程平稳。

啮合器一般都采用渐开线齿形，齿形参数可根据渐开线花键国家标准选定。由于啮合套使用频繁，齿轮经常受冲击，齿端和齿的工作侧面易磨损，因此齿厚不宜太薄。为减小轴向尺寸，啮合器的工作宽度均较小。啮合器的详细设计资料可参阅有关资料。

## (二) 起停和换向装置

起停和换向装置用来控制执行件的起动、停车以及改变运动方向。对起停和换向装置的基本要求是起停和换向方便省力，操作安全可靠，结构简单，并能传递足够的动力。各种不同的机械对起停和换向的使用要求不同，因此选择起停和换向装置时，通常要考虑机械系统的工况、动力源的类型与功率以及起停和换向装置的结构与操纵方式等。

1. 机械系统的工况

(1) 不需要换向且起停不频繁。这种工况多出现在自动机械中，这类机械的工作循环是自动完成的，可连续运行而不需要停车。如电阻压帽自动机就属于这种情况。

(2) 需要换向但换向不频繁。如图龙门起重机上各个执行件都要做正反两个方向的运动，但工作时间较长，故换向不频繁。

(3) 换向和起停都很频繁。如普通车床车削螺纹就是这种情况。

2. 动力源的类型

(1) 动力源为电动机。电动机允许在负载下起动，可以正反运转。当换向不频繁或换向虽频繁但电动机功率较小时，可直接由电动机起停和换向。这种方式的优点是结构简单，操纵方便，因此得到广泛的应用。

当功率较大且起停和换向频繁时，常采用离合器起停并通过离合器与齿轮的组合来换向。执行件的转速较高时采用摩擦离合器，执行件的转速较低时可采用牙嵌离合器等。

(2) 动力机为内燃机。由于内燃机不能在负载下起动，故必须用摩擦离合器或液力偶合器来实现起停。内燃机不能反向运转，执行件需要反向时应在传动链中设置反向机构。

用离合器实现起停时，为了减小摩擦离合器的结构尺寸，应将它放置在转速较高的传动轴上。由于靠近动力源，故当离合器脱开时，传动链中大部分传动件停止运动，可以减少空转功率损失。

换向机构放在靠近动力源的转速较高的传动轴上，也可使其结构紧凑，但会使换向的传动件较多，能量损失较大。因此，对于传动件少、惯性小的传动链，宜将换向机构放在前面即靠近动力源处；反之，宜将换向机构放在传动链的后面即靠近执行件处，以提高传动的平稳性和效率。

### (二) 制动装置

制动装置的作用是使执行件的运动能够迅速停止。由于运动件具有惯性，当起停装置断开后，运动件不能立即停止，而是逐渐减速后才停止运动。运动件的转速愈高，停车的时间就愈长。为了节省辅助时间，对于起停频繁或运动件速度高的传动系统，应安装制动装置。执行件频繁换向时，也应先停车后换向。制动机构还可用于机械系统一旦发生事故时紧急停车，或使运动件可靠地停止在某个位置上。

对制动装置的基本要求是工作可靠、操纵方便、制动迅速平稳、结构简单、尺寸小、磨损小、散热好。

常用的制动方式有电气制动和机械制动。用电动机起停和换向时，常采用电动机反接制动。它具有结构简单、操作方便、制动迅速等优点，但反接制动电流较大，传动系统受到的惯性冲击也较大。当传动链较长、起动比较频繁、传动系统惯性较大及传递功率较大时，常采用机械制动方式，如闸带式、外抱块式、内张蹄式和盘式等摩擦式制动器。此外，还经常使用磁粉式、磁涡流式和水涡流式等非摩擦式制动器。

制动器的设计与安装应考虑如下问题：

(1) 制动器与离合器必须互锁。

(2) 合理确定制动器的安装位置。若要求制动扭矩较小，则制动器应安装在转速较高的轴上。这样制动平稳，制动器体积也小。若要求制动时间短、制动灵活，则制动器可直接安装在执行件上。通常，制动器安装在转速较高、变速范围较小的轴上。

(3) 闸带式制动器的操纵力应作用在制动带的松边。闸带式制动器由操纵杆、杠杆制动带、制动轮和调节螺钉等组成。制动带为一钢带，在它的内侧固定一层石棉等材料，在操纵杆的控制下，通过杠杆将制动带拉紧，使制动带和制动轮之间产生摩擦阻力而使轴迅速停止转动。调节螺钉用于调整制动带的松紧程度。

闸带式制动器的结构简单，轴向尺寸小，操纵方便，但制动时制动轮和传动轴受单向压力作用，制动带磨损不均匀，且制动力矩受摩擦系数变化的影响大，因此只适应用于中小型机械。

### （四）安全保护装置

机械系统在工作中若载荷变化频繁、变化幅度较大、可能过载而本身又无保护作用，应在传动链中设置安全保护装置，以避免损坏传动机构。如果传动链中有带传动、摩擦离合器等摩擦副传动件，则具有过载保护作用；否则，应在传动链中设置安全离合器或安全销等过载保护装置。当传动链所传递的转矩超过规定值时，靠安全保护装置中连接件的折断、分离或打滑来停止或限制转矩的传递。常用的安全保护装置有以下几种。

1. 销钉安全联轴器

在传动链中设置一个薄弱的环节，如剪断销或剪断键，当传递的转矩超过允许值时，销或键被剪断，使传动链断开，执行件便停止运动，待更换销或键后即可恢复工作。剪断销或剪断键应装在传动链中易于更换的位置上。

2. 钢珠安全离合器

钢珠安全离合器的由空套在轴上的齿轮及与轴用导键联接的圆盘等组成。齿轮和圆盘的圆周上均匀分布 6 ~ 8 个孔，孔内装有垫板及钢珠，调节螺套上的螺母可调整弹簧的压紧力。当载荷正常时，齿轮通过钢珠传动圆盘和轴，这时钢珠之间将产生轴间分力；随着传递载荷的增加，轴向分力也不断增大，当超过弹簧的压紧力时，圆盘孔内钢珠连同圆盘压缩弹簧而一起右移，使钢珠之间打滑，轴便停止转动。超载消除后，立即自动恢复正常工作。

这种安全离合器的灵敏度较高、工作可靠、结构简单，但打滑时会产生较大的冲击，连接刚度较小，反向回转时运动的同步性较差。

采用钢珠安全离合器时，需计算弹簧的压紧力及钢珠的数量，可参阅有关资料。

3. 摩擦安全离合器

单圆锥式摩擦安全离合器的摩擦面由具有内锥面的摩擦盘和具有外锥面的摩擦盘组成，在弹簧的作用下使两个锥面压紧，由此产生的摩擦力矩即为安全离合器允许的输出转矩。螺母用来调整弹簧的压紧力。在两个锥面制造与安装正确的情况下，只需很小的压紧力就能保证良好的接触。

这种安全离合器的结构简单，多用于传递转矩不大的场合。如果传递的转矩较大，也可采用双圆锥式摩擦安全离合器或摩擦片式安全离合器。

　　安全保护装置装在转速较高的传动件上，可使结构尺寸小些。若装在靠近执行件的传动件上，则一旦发生过载，就能迅速停止。

### 三、传动系统设计的基本要求

　　传动系统设计的两大基本任务是保证工作机实现预期的运动要求和传递动力。如工作机具有某一确定要求，传动系统设计的任务在于选择一个合理的传动，使动力机的输出与工作机的输入相匹配。

　　而对于实现工作执行构件与动力机之间的匹配关系有变化要求时，传动系统设计通常需要分析执行构件的运动要求，例如行程、速度、加速度、调速范围，实现位置要求，实现函数要求，实现轨迹要求，实现急回、停歇要求，相互间的动作配合要求，以及动力要求，如力、转矩和功率等；并在选定动力机后，根据运动和动力的匹配要求确定传动系统方案，再进行传动结构的具体设计。一般地，传动系统设计时应综合考虑下列条件：

　　(1)工作机或执行构件的工况、运动和动力等参数；

　　(2)动力机的机械特性和调速性能；

　　(3)对传动的布置、尺寸和重量方面的要求；

　　(4)工作环境，如对多尘、高温、低温、潮湿、腐蚀、易燃、易爆等恶劣环境的适应性、噪声的限度等；

　　(5)操作和控制方式的要求；

　　(6)其他要求，如国家的技术政策(材料的选用、标准化和系列化等要求)、现场技术条件(能源、制造能力等)、环境保护等；

　　(7)经济性，如工作寿命、传动效率、制造费用、运转费用和维修费用等。

　　当上述条件取舍有冲突时，则应按具体情况，全面综合分析，解决主要问题，实现传动系统的综合优化。传动系统设计一般应满足的基本要求如下：

　　①运动要求。根据机械系统在不同工作条件下对执行件的运动要求，传动系统要实现运动形式的变换、运动的合并或分离以及升降速和变速等。

②动力要求。为机械系统中各执行件传递所需要的功率和扭矩，具备较高的传动效率。

③性能要求。传动系统中的各执行件要具有足够的强度、刚度、精度和抗振性以及热稳定性。

④经济要求。传动系统在满足运动、动力和性能要求的前提下，应尽量使其结构简单紧凑，以便节省材料，降低成本。

同时，所设计的传动系统还应该满足防护性能好，操纵方便灵活，工作安全可靠，便于加工、装配、调整和维修等方面要求。

# 第二节　机械工程传动系统方案设计

## 一、机械传动系统设计的内容

机械传动装置的选用（首先是传动类型的选用）是比较复杂的工作，它需要考虑从动力机到工作机多方面的因素，经细致分析对比后才能做出合理的选择。在现代的机器设计中，为了优化机器的设计方案，传动方案的确定都是同动力机的选择、工作机构的选定一起做通盘考虑的，也就是分析动力机、传动装置与工作机的匹配问题。

所谓传动的匹配是指确定传动的主要参数，使动力机—传动装置—工作机整个系统运行时达到：动力机、工作机的工作点接近各自的最佳工况，动力机、工作机的工作点是稳定的，动力机和传动系统符合工作机在起动、制动、调速、反向、空载等方面的要求。

机械传动装置作为动力机和工作机之间的中间环节，由于本身所具有的传动特性将会改变或影响机器的工作性能，因此三者之间的匹配将在机械特性上协调，使机器在工作过程中达到最佳的运行状态。详细的匹配和计算可参阅其他资料。

传动装置的选用，通常没有确定的程序可行，而要根据不同机器的具体条件和复杂程度，经多方案的分析比较才能选定。一般地，选择传动装置类型时要具体分析以下内容：

（1）机械特性。传动装置的机械特性（一般是指转矩—转速曲线）要与动力机和工作机的机械特性相匹配，使机器能在最佳状态下运转。

（2）功率范围。各种机械传动都有各自最合理的功率范围。例如，摩擦轮传动不适于传递大功率，而圆柱齿轮传动功率可达数万千瓦。因此，要在合理的功率范围内来选择传动装置的类型。

（3）速度。受运转时发热、振动、噪声或制造精度等条件的限制，各种传动装置的极限速度（转速）虽然在不断提高，但考虑经济性后，其合理的速度范围还是存在的。

（4）传动比范围。各种机械传动单级传动比的合理范围差别很大，这是由传动装置的结构条件有很大不同引起的。例如，圆柱齿轮传动，通常其传动比 $i \leqslant 10$，而单级谐波传动的传动比可达 500。因此，按合理的传动比范围来选用传动装置类型是很重要的。

（5）传动效率。对于小功率的传动，其传动效率的高低一般不太引人注意，但是对于大功率的传动，其传动效率对能源的消耗和运转费用的影响就举足轻重了。因此，在这种情况下，就应该优先考虑选用传动效率高的传动类型。

（6）寿命。机械传动装置的寿命主要表现在疲劳寿命和磨损寿命两方面，在设计机械传动装置时，一般都要进行详细的分析和计算。但是，由于各种传动装置受本身结构条件和制造水平的限制，其寿命仍有较大差别。例如，一般的滑动螺旋传动比滚动螺旋传动磨损快、寿命短；低速的蜗杆传动，由于不能形成较好的油膜，所以传动件磨损快、寿命短。

（7）外廓尺寸。在相同的传动率和速度下，采用不同种类的传动装置，其外廓尺寸可以相差很大。

（8）重量。很多机器对自重有限制，例如飞机等航空器、机动车辆、安装在海上钻探平台上的机器等。在这种情况下，传动装置的重量将作为设计参数之一（常用功率重量比 $G/P$ 来表示）来加以分析；各种传动的 $G/P$ 差别很大，即使是同类传动，各形式传动的 $G/P$ 值也不同，例如行星齿轮传动和谐波齿轮传动比定轴齿轮传动 $G/P$ 要小得多。因此，在许多对重量有特殊要求的场合，在选择传动类型时就需要重点考虑。

（9）变速要求。通常可以用机械有级变速或无级变速传动装置来满足机器的变速要求。有级变速常采用圆柱齿轮传动，或采用带、链的塔轮机构来实现。后者由于操纵不方便、尺寸大，目前已很少采用。机械无级变速最常用的是摩擦式无级变速器，它有结构紧凑、传动平稳、噪声小等优点，但传递的功率不能太大，寿命也较短。目前，机械无级变速器与变速电动机组合成的变速电机，以及电气变频调速在工业生产中已得到广泛应用。

（10）价格。传动装置的初始费用主要决定于价格，这是在选用传动装置类型时也必须考虑的经济因素。例如，在生产水平与给定的传动类型制造要求相适应的条件下，齿轮传动和蜗杆传动的价格较高，而带传动仅为齿轮传动价格的60%～70%；另外，即使同为齿轮传动，采用硬齿面的传动装置要比软齿面的价格高得多。

在实际的传动装置选用过程中，以上各方面都同时得到满足是不容易的，因为有些要求可能相互矛盾、相互制约。例如，要求传动效率高的传动装置，其制造精度就要高，其价格必然不低；要求外廓尺寸紧凑的结构装置，一般都用好材料制造，其价格也较高。因此，在选择传动装置类型时，要根据机器的工况、技术要求，结合技术经济的合理性，对可能适用的多种传动类型，从各方面进行细致的分析对比，必要时进行优化计算处理，以期选择最适用的机械传动类型。

## 二、机械传动系统方案的拟订

机械传动系统的设计是一项比较复杂的工作，为了较好地完成此项任务，不仅需要对各种传动机构的性能、运动、工作特点和适用场合等有较深入而全面的了解，而且需要具备比较丰富的实际知识和设计经验。此外，机械传动系统的设计并无一成不变的模式可循，而是需要充分发挥设计者的创造能力。不过，仍可以在基本思路和设计原则上找到共性。

### （一）机械传动系统方案设计的基本步骤

（1）根据预期完成的生产任务，选定机器的工作原理，再根据功能原理分析确定运动规律和工艺动作模式等传动方案。通常机器可以应用不同工作原理来完成同一生产任务，因而其传动方案也就不同。在拟定传动方案时，应从机械的工作性能、适应性、可靠性、先进性、工艺性和经济性等多方面来拟定，并用系统传动简图的形式来表征，然后通过对各种传动方案的评价加以确认。根据机器的工作原理和传动方案，便可确定出机器所需要的执行构件的数目、运动形式，以及它们之间的运动协调配合关系等要求。对于多执行构件的机器，如要求各执行构件在运动时间的先后与运动位置的安排上必须有准确而协调的相互配合时，则应画出机械的工作循环图，通常有直线式、圆周式和直角坐标式三种形式。

（2）确定各执行构件的运动参数，并选定原动机的类型、运动参数和功率等。

（3）合理选择机构的类型，拟定机构的组合方案，绘制机械传动系统的示意图。

（4）根据执行构件和原动机的运动参数以及各执行构件运动的协调配合要求，确定各构件的运动参数（如各级传动轴的转速等）和各构件的几何参数（如连杆机构中各杆件的长度、凸轮的廓线等），绘制机械传动系统的机构运动简图。

（5）根据机器的生产阻力或原动机的额定转速进行机械中力的计算（如确定各级传动轴传递的转矩和各零件所承受的载荷等），作为零件承载能力计算的依据。

（6）在分析计算的基础上，按确认的机械传动系统的机构运动简图，绘制机器的总装配图、部件图和零件图。

（7）对有些机器在基本完成总装配图的基础上，还需要进行动力学计算，以便确定是否需要加装飞轮及配置平衡重量等。

### (二) 机械传动系统方案设计的原则

（1）尽可能采用较短的运动链，以利于降低成本、提高传动效率和传动精度。

（2）应使机械有较高的效率，对单流传动应提高每一传动环节的传动效率，对分、汇流传动应提高功率大的功率流路线中各传动件的传动效率。

（3）合理安排传动机构的顺序。转变运动形式的机构（如连杆、凸轮和螺旋机构等）通常安排在运动链的末端，并靠近执行构件处。摩擦传动（带传动、机械无级变速器等）以及圆锥齿轮（大尺寸者难以制造）一般安排在传动的高速部位。

（4）合理分配传动比。各种传动均有一个合理使用的单级传动比值，一般不应超过；对于减速的多级传动，按照"前小后大"（即高速级传动比小，低速级传动比大）的原则分配传动比较为有利，但相邻两级传动比的差值不要太大；对于增速的多级传动亦应遵循这一原则。

（5）保证机械的安全运转。如无自锁性能的机构，应设置制动器；为防止机械过载损坏，应设置安全联轴器或有过载打滑的摩擦传动机构；为防止无润滑而运行，应设置连锁开关，保证机器工作前润滑系统先行工作；等等。

# 第三节　原动机的选择及机械工程传动

## 一、原动机的选择

原动机是机器中运动和动力的来源。在机器工作机构的运动和动力要求确定以后，就可以进行原动机的选择。原动机的类型很多，常用的有三相异步电动机、调速电动机、直流电动机、液动机和气动机等。由于它们的特性各异，所以选择时不仅要考虑原动机本身的机械特性能否与设计机器的负载特性（如功率、转矩、转速等）相匹配，能否与机器的调速范围、工作的平稳性等相适应，而且还要考虑机器的起动、制动的频繁程度，工作环境对原动机的要求，等等。此外，原动机的类型还将影响机械传动的形式和机构类型的选择。因此，合理选择原动机的类型是机械传动系统设计中的一个重要问题。

三相异步电动机具有结构简单、工作可靠、价格便宜、效率高、使用方便等特点，所以在现代机器中应用最广泛。电动机的运动参数为转速 $n$（r/min），通常在输出同样功率时，有几种转速可供设计时选用。电动机的转速越高，极数越少；电动机的尺寸越小和重量越轻，价格越低。当工作机构运动速度较高时，宜选用高转速的电动机；当工作机构运动速度很低时，若仍选用高转速电动机，虽然电动机价格可低一些，但由于减速装置增大，传动系统费用提高，机械效率降低，反而不经济。因此，在选择电动机的转速时，应综合考虑电动机的重量、尺寸、价格、机械传动系统的复杂程度及机械效率等各方面的因素。一般在机械设计中，电动机常用的是同步转速为1000r/min 及 1500r/min 两种；如无特殊要求，一般不选用同步转速低于750r/min 的电动机。

## 二、机械传动系统各级传动比的分配

当机械传动系统的设计方案确定后，要把总传动比分配到各级传动上，使得各级传动比的连乘积等于总传动比。

合理地分配各级传动比，是机械传动系统设计中一个重要的问题。它将直接影响传动系统的结构尺寸、总重量、润滑状态以及工作能力。

各级传动比分配的一般原则如下：

（1）各级传动机构的传动比都应在合理范围内选取，以保证符合各种传动形式的工作特点，并使其结构紧凑。单级传动比虽在其允许范围内但结构仍较大时，宜采用多级传动。例如，当齿轮机构传动比大于8 ~ 10时，可采用两级齿轮传动；当传动比大于30时，则采用两级以上的齿轮传动。

（2）应使传动机构的传动级数尽可能少，使传动系统得以简化，以提高传动效率和减少精度的降低。

（3）充分发挥各级传动的承载能力，使传动系统的外廓尺寸紧凑，各传动机构尺寸协调、匀称，避免造成相互干涉碰撞。例如，在动力传动中，对于外廓尺寸相对较大的带传动或传动能力较低的锥齿轮传动，一般宜分配较小的传动比；在带传动和单级齿轮减速器组成的传动系统中，一般应使带传动的传动比小于齿轮的传动比，以避免大带轮半径大于齿轮减速器输入轴中心高度而与机座底架相碰。

（4）减速传动一般应按照"前小后大"的原则分配传动比。就是说，自原动机工作轴间的各级传动比应依次增大，这样可使各中间轴有较高的转速和较小的转矩，从而可减小轴和轴上传动零件的尺寸和重量。

（5）设计减速器时还应考虑到润滑的问题。为使各级传动中的大齿轮都能浸入油池且深度大致相同，各级大齿轮直径应接近，高速级传动比应大于低速级。

要使分配传动比的方案同时满足上述所有原则是不可能的。因此，设计时应拟定不同的分配方案，并进行比较，才能定出比较合理的结果。

# 第四节 机械工程传动系统的评价

在设计机械传动系统方案时，通常可根据设计要求拟定出多种设计方案，最终通过分析比较提供最优的方案。而一个方案的优劣，只有通过科学的评价来确定。为了减少评价时间，保证评价的准确性，在评价机械传动系统的方案时，可使用最常用的评价方法——技术经济评价法。此法的特点是，先分别求出被评价方案的技术与经济指标，然后进行综合评价。

## 一、技术评价

进行技术评价时，某些性能指标，如效率、重量和寿命等，可以用数量来衡量、某些性能指标，如结构繁简、使用维护等，则不能用数量来表示。能用数量表示的，由于使用单位不同，也不能简单相加。所以，技术评价常用评分的办法，即对每一个评价项目依好坏不同给予不同的分数。通常为5——很好，4——较好，3——一般，2——较差，1——最差。技术评价用技术价值 $x$ 表示。

$$x = \frac{\sum P_i}{nP_{max}} \tag{2-1}$$

式中：$P_i$——被评方案满足 $i=1\sim n$ 个性能指标的分数；

$n$——评价的性能指标数；

$P_{max}$——理想方案满足性能指标的最高分数，即 $P_{max}=5$。

$x$ 值越大，则技术价值越大。在一般情况下，$x>0.8$，则方案的技术性能指标很好；$x$ 为 0.7 左右，则方案良好；$x<0.6$，则方案不能令人满意。

## 二、经济评价

经济评价通常只计算制造费用，因为它是经济评价中最主要的项目。经济评价用经济价值 $y$ 表示。

$$y = \frac{H_i}{H} = \frac{0.7[H]}{H} \tag{2-2}$$

式中：$[H]$——允许的制造费用；

$H$——实际制造费用;

$H_i$——理想制造费用,建议取 $H_i=0.7[H]$。

$y$ 值越大,则实际生产成本越低,经济价值越高。

### 三、技术经济综合评价

综合价值 $k$ 由下式求得:

$$k = \sqrt{xy} \tag{2-3}$$

$k$ 值越大,则表示被评方案的技术经济性能越好。一般当 $k \geqslant 0.65$ 时,认为是较好的方案。

# 第五节　机械工程传动系统设计实例

以设计一带式运输机的机械传动系统为例。已知带式运输机驱动卷筒的圆周力(牵引力) $F=2000$N, 带速 $v=1.2$m/s, 卷筒直径 $D=260$mm。运输机在常温下连续单向工作,载荷较平稳,环境有轻度粉尘,结构尺寸无特殊限制,现场有三相交流电源。机械工程传动系统设计相关计算如下:

### 一、机械传动系统方案的确定

为了估计传动系统的总传动比的范围,以便进行机构选型和拟定传动系统总体布置方案,可先由已知条件计算其驱动卷筒的转速,即:

$$n_w = \frac{60 \times 1000v}{\pi D} = \frac{60 \times 1000 \times 1.2}{\pi \times 260} \approx 88r / \min$$

一般常选用同步转速为1000r/min 或 1500r/min 的电动机作为原动机,因此传动系统总传动比约为11 或 16。根据总传动比和给出的已知条件,可初步拟定出11 个方案供选择,见表2-1所示。分析表中11 个传动方案的优缺点,得知方案1、4、5、8 和 11 五种较好,可以初步选用。对初选的五种方案,从重量轻重、寿命长短、效率高低、成本高低、使用维护是否方便、布置是否合理、连续工作和运转平稳性八项指标,采用技术经济评价法进行评价。初选的五种方案，其技术价值均大于0.8，所以此五种方案的技术性均很好，都可以选用。现选用第一种方案继续进行传动系统的运动和动力参数的计算。

表2-1　带式运输机的机械传动系统方案的比较

| 序号 | 传动名称 | 优点 | 缺点 |
|---|---|---|---|
| 1 | 一级V带传动加单级直齿圆柱齿轮减速器 | 带传动易加工；可减震；效率较高；工艺简单，容易实现；应用比较广泛 | 轮廓尺寸较大，带传动寿命低，需经常更换 |
| 2 | 单级蜗杆减速 | 结构简单，尺寸较小，适用于载荷较小、间歇工作场合，重量轻，减速比大 | 效率较低，蜗轮易磨损，需用青铜制造，制造较复杂 |
| 3 | 二级圆锥圆柱齿轮减速器 | 能用于输入轴和输出轴垂直相交的机构中 | 圆锥齿轮制造较复杂，故仅在机构布置上需要时才应用 |
| 4 | 单级圆柱直齿齿轮减速器加单级链传动 | 容易实现，效率较高，应用较普遍 | 轮廓尺寸较大，链传动易磨损，寿命较低 |
| 5 | 单级斜齿圆柱齿轮减速器加单级链传动 | 结构简单，布置合理，容易实现；效率较高；斜齿较直齿传力大，传动平稳，适用于变载荷场合 | 轮廓尺寸较大；链传动易磨损，寿命较低 |
| 6 | 单级圆锥齿轮减速器加单级链传动 | 可用于输入轴和输出轴垂直相交的场合 | 圆锥齿轮制造复杂，链传动易磨损，寿命较低 |
| 7 | 二级同轴式直齿圆柱齿轮减速器 | 箱体长度较小，两对齿轮浸入油中深度大致相同，有利于润滑 | 轴间尺寸和重量较大，中间轴较长，刚性差，中间轴承润滑困难 |
| 8 | 二级展开式直齿圆柱齿轮减速器 | 结构简单、紧凑，应用比较广泛，传动效率较高 | 齿轮相对于轴承为不对称布置，沿齿向载荷分布不均，要求轴有较大的刚度 |
| 9 | 二级分流式直齿圆柱齿轮减速器 | 齿轮相对于轴承为对称布置，传递转矩较大的低速级齿轮，载荷分布均匀，常用于较大功率、变载荷场合 | 结构较复杂 |

续表

| 序号 | 传动名称 | 优点 | 缺点 |
|---|---|---|---|
| 10 | 二级齿轮蜗杆减速器 | 传动比较大，结构比较紧凑 | 效率较低，蜗轮要用青铜制造 |
| 11 | 展开式二级斜齿圆柱齿轮减速器 | 结构简单、紧凑，应用比较广泛，传动较平稳，适用于变载荷场合 | 齿轮相对于轴承为不对称布置，沿齿向载荷分布不均 |

## 二、电动机的选择

卷筒轴的输出功率：

$$P_w = \frac{Fv}{1000} = \frac{2000 \times 1.2}{1000} = 2.4\text{kW}$$

因此可选取电动机额定功率为 3kW，满载时电动机转速为 $960\text{r} \cdot \text{min}^{-1}$。

## 三、计算传动系统总传动比和分配各级传动比

### (一) 传动系统总传动比

$$i = \frac{n_m}{n_w} = \frac{960}{88} \approx 10.91$$

### (二) 分配各级传动比

取 V 带传动的传动比 $i_{带} = 2.7$，则单级圆柱齿轮传动比为：

$$i_{齿} = i/i_{带} = 10.91/2.7 \approx 4.04$$

所得 $i_{齿}$ 值符合一般闭式单级圆柱齿轮传动比的要求 (在常用范围内)。

# 第三章 机械制造业控制系统的安全自动化技术

## 第一节 安全控制系统

### 一、安全控制系统概念

所谓的安全（控制）系统，是在开车、停车、出现工艺扰动以及正常维护、操作期间对生产装置提供安全保护。一旦当工厂装置本身出现危险，或由于人为原因而导致危险时，系统立即做出反应并输出正确信号，使装置安全停车，以阻止危险的发生或事故的扩散。它包括现场的安全信号，如紧急停止信号、安全进入信号、阀反馈信号、液位信号等，逻辑控制单元和输出控制单元。无论在机械制造领域还是在流程化工领域，安全控制系统是整个系统运转中不可或缺的一部分。

安全控制链由输入（如传感器）、逻辑（如控制器）、输出（如触发装置）构成。从逻辑上来说，对于安全信号的控制功能可以采用普通继电器、普通 PLC（Programmable Logic Controller）、标准现场总线或 DCS（Distributed Control System）等逻辑控制元器件，从表面上达到我们所需要的逻辑输出。但是，我们可以注意到，普通继电器、普通 PLC、标准现场总线或 DCS 不属于安全相关元器件或系统。它们在进行安全相关控制的时候可能会出现以下安全隐患：处理器不规则、输入/输出卡件硬件故障、输入回路故障（比如短路、触点熔焊）、输出元器件故障（如触点熔焊）、输出回路故障（如短路、断路）、通讯错误等。这些安全隐患，都会导致安全功能失效，从而导致事故的发生。所以，安全控制系统就是要求能够可靠地控制安全输入信号。一旦安全输入信号变化或安全控制系统中出现任何故障，立即做出反应并输出正确信号，使机器安全停车，以阻止危险的发生或事故的扩散。

安全控制系统的硬件主要采取了以下措施来达到安全要求。

（1）采用冗余性控制。

（2）采用多样性控制。

（3）频繁、可靠的检测（对硬件、软件、通讯）。

（4）程序 CRC 校验。

（5）安全认证功能块。

常见的安全输入设备包括紧急停止设备、安全进入装置（安全门开关或连锁装置）、安全光电设备（安全光幕、安全光栅、安全扫描仪）。安全逻辑部分常采用安全继电器、安全 PLC 和安全总线系统。

## 二、安全逻辑控制设备

逻辑控制设备是整个安全控制系统中最重要的一部分。它需要接收安全信号，进行逻辑分析，可靠地进行安全输出控制。现代自动化安全控制领域中，安全系统的控制元器件有安全继电器、安全 PLC 和安全总线控制系统。

### （一）安全继电器

安全继电器，或者称为安全继电器模块，是最简单的安全逻辑控制元器件。其特点是采用了冗余的输出控制和自我检测的功能，实现了对输出负载的可靠控制。

该模块的两个安全输出触点在内部是由来自两个不同的特殊继电器 K1 和 K2 的常开触点串联而组成。当 K1 出现故障的时候，K2 依然可以实现安全触点断开的功能。同时，安全继电器模块可以通过内部电路进行自检，检测出外部接线故障和内部元器件的故障。

### （二）安全可编程控制器

安全可编程控制器采用了多套中央处理器进行控制，并且这些处理器来自不同的生产商。这样的控制方式符合冗余、多样性控制的要求。这是安全 PLC 与普通 PLC 最根本的区别。当一定数量的处理器出现故障后，完好的处理器依然执行安全功能，切断所有安全输出使系统停机。导致系统停机的处理器的故障数量取决于不同的系统。

对于信号的采集、处理和输出的过程，安全 PLC 都采用了冗余控制的方式。当信号进入 PLC 后，分别进入多个输入寄存器，再通过对应的多个中央处理器的处理，最后进入多个输出寄存器。这样，安全 PLC 就构成了多个冗余的通道。在整个过程中，信号状态、处理结果等可以通过安全 PLC 内部的暂存装置进行相互比较；如果出现不一致，则可以根据不同的系统特性，进入故障安全状态或将故障检测出来。

输入回路可以采用双通道的方式，通过两条物理接线进入安全 PLC。安全 PLC 也可以提供安全测试脉冲，用以检测输入通道中的故障。

安全 PLC 的输出内部电路也采用了冗余、多样性的方式，对一个输出节点进行安全可靠控制。安全 PLC 可以通过两种不同的手段，即切断基极信号和切断集电极电源两种不同的方式，将输出信号由 1 转变为 0。无论哪种方式出现故障，另外一种方式依然完好地执行安全功能。同时，安全 PLC 提供了内部检测脉冲功能，以检测内部故障。

安全 PLC 的扫描时间要求为每千条指令 1ms 以下。快速的中央处理功能不仅可以达到紧急停车的要求，同时能够以较短的时间完成整套系统的安全功能自检。

在软件方面，安全 PLC 必须有可靠的编程环境、校验手段，以保证安全。这主要可以通过规范安全功能编程来实现。如 Pilz 的安全 PLC，提供了通过认证的 MBS 安全标准功能块，以帮助编程人员进行合理的、安全的编程。这些安全功能块经过加密，不能够修改。我们只需要在功能块的输入和输出部分填入相应的地址、参数和中间变量，即可以完成对安全功能的编程。这些 MBS 功能块涵盖了机械制造领域及流程化工领域的安全功能控制。

### (三) 安全总线控制系统

安全现场总线系统是以安全 PLC、安全输入输出模块、安全总线构成一套离散式控制系统。硬件和通讯的安全可靠是安全总线控制系统的可靠性判断依据。在硬件上，安全总线系统的模块都采用了冗余、高速的可靠元器件。

# 第二节　控制系统安全标准

## 一、安全相关标准简介

目前，我们经常使用的机械安全标准分别来自国际（IEC、ISO）、欧盟（EN、DIN）和国家标准（GB）。国际标准以 IEC 61508 中的 IEC 62061 为代表，对机械的电气安全相关的设计进行规范和指导。欧盟标准以机械指令为法规，通过相关标准对法规进行细化。中国的机械安全标准分为强制性和推荐性标准，并无法规支撑。

欧盟为中国的主要机械出口区域，国内出口欧洲的机械必须符合欧洲机械指令的安全要求。因此，欧盟的标准为国内有出口需求的机械制造厂商所广泛应用。中国的机械安全标准也以 EN 和 ISO 标准为主要对口对象。

欧盟和中国的机械安全标准分为 A、B、C 三类。A 类标准为基础标准，包括基本概念、设计原则和一般特性，如 EN/ISO 12100、GB/T 15706；B 类标准为通用分类安全标准，主要是对机械中的分类的安全功能进行规范，如控制系统安全相关标准 EN 954-1、EN/ISO 13849-1、GB/716855、EN 418、GB 16754 紧急停止；C 类标准为产品安全标准，主要是对各类机械的安全要求进行规范，如 EN 692 压力机械安全标准。

对于安全控制系统，国内的机械制造厂商主要参照以 EN 954-1 为主的B 类标准。

## 二、EN 954-1 的安全要求

EN 954-1 是在 1997 年由 CEN TC 114 发布的，全称为 Safety-related parts of control systems（控制系统的安全有关部分）。其中提及的 Category 等级的概念，在机械的安全控制自动化领域中是衡量机械的危险程度或相关安全控制系统的安全程度的标准。可以依据 EN954-1，按照以下步骤设计安全控制系统：

(1) 确定机械的危险区域。

(2) 定义风险参数——S, F, P。

(3) 使用风险图表确定所要求的等级。

(4) 根据所要求的等级设计所要求的安全功能。

在 EN 954-1 中的风险评估图中，S 表示机械对人员的伤害程度，S1 为轻伤，S2 为重伤或死亡；F 表示面临危险的时间和频率，F1 表示从无到经常发生，F2 表示从经常发生到持续发生；P 表示避免危险的可能性，P1 表示在特定条件下可能避免该危险，而 P2 则表示几乎不可能避免危险。

在此以一台折弯机为例，首先分析其危险区域为滑块下落区域。滑块下落会导致断指、断手等重度伤害，选择 S2；而工作人员需要持续地将工件手动放入折弯机下进行加工，面临危险的时间较长，所以我们根据图表可以选择 F2；而滑块下落极快，工作人员几乎不可能躲避此危险，根据图表选择 P2。根据图，我们可以得到折弯机的危险等级为四级。

在确定了危险等级之后，我们就要设计安全控制系统来降低风险，避免危险。所要求的安全控制系统的安全等级必须与风险评估中的危险等级一致。

根据风险评估图，分析了机器的风险，并确定机器危险部分的等级之后，就可以按照此等级进行安全控制系统的设计。

等级 B 要求与安全功能有关的控制电路在设计、选择和组装过程中必须使用符合基本安全准则和有关标准的安全开关电器。安全控制电路要能够承受预期的运行强度，能够承受运行过程中工作介质的影响和相关外部环境的影响。等级 B 是最基本的等级，其他等级都必须满足等级 B 的要求。

与等级 B 相比，等级一要求使用成熟的元器件，即在相似的应用领域有过广泛和成功的使用，或者根据可靠的安全标准制造的元器件，以及使用成熟的技术。

等级二除了要符合等级一的要求外，还必须做到在机器的控制系统中能够对安全控制系统进行测试，在机器启动时和在危险状态出现前必须对安全功能进行测试。

在满足等级一的要求的基础上，等级三最主要的要求是当安全控制系统中的一个元器件出现故障时，不会导致安全功能失效。一些但不是所有故障都可以被检测出来，一个累计的故障会导致安全功能失效。

等级四为最高安全控制等级。在符合等级一要求的同时，还要求安全控制系统中一个元器件的故障不会引起安全功能失效，而且故障能在下一次安全功能起作用时被识别出来；如果无法识别，要求多个故障的积累不会引起安全功能的失效。

　　在实际应用中，等级二很少使用。因为在等级二中，安全保护功能如果在两次测试之间出现故障，系统将无法检测到，从而有可能在安全保护功能失效时导致机械的损坏或人身伤害事故的发生。并且，等级二的控制系统中的输入和输出电路没有采用冗余的设计。在 IEC 61508 标准中，规定在所有与安全相关的电子部件中应有冗余的设计，以求在线缆或器件损坏的时候只发生"安全"故障，这可以依靠系统冗余设计，而不是只依靠器件的可靠性来实现。所以，大多数的工业机械都应使用等级三或等级四的安全控制系统，特别是对于一些极其危险的工业机械，如切纸机械、冲压机械、注塑机械等，必须使用等级四的安全保护措施。

　　在该控制系统中，急停按钮 S1 采用双通道的冗余输入；安全模块使用了一个可以达到安全等级四级的安全继电器；输出则采用了两个强制断开结构的交流接触器 K1M 和 K2M 的冗余控制，并且这两个接触器的常闭触点作为反馈信号接入安全继电器，用以检测其故障情况。输入和输出的冗余控制符合国际标准 IEC 61508 和欧洲标准 EN 60204 中对控制电路和控制功能的要求——采用冗余技术。控制模块使用了特殊结构的安全继电器。不同于辅助回路中的普通中间继电器，安全继电器甚至在内部出现触点焊死的故障情况下，也能够把电源安全地从负载断开。同时，通过内部冗余、强制断开触点的结构以及自检测等功能，检测内部电路和外部输入和输出控制回路的故障情况。

　　根据 EN 954-1 进行安全控制系统的设计，在传感器、逻辑控制元件和触发装置这个安全链中，对于逻辑控制元件的要求最高。如果系统的安全等级要求为四级，除了考虑系统的构架之外，还必须选择通过认证公司认证的安全等级为四级的逻辑控制元件。而对于传感器和触发装置，只要求是可靠的、长期通过市场验证的产品，没有任何参数指标上的限定。

　　这样一种安全控制系统的设计方式有一定的缺陷。假设有 A 和 B 两套一样的安全控制系统，采用同样的安全传感器、逻辑控制元件和触发装置。安全传感器的动作通过逻辑控制元件会带动触发装置。如果 A 套系统的工作负荷较高，一天内安全传感器需要操动 100 次。根据设定逻辑，逻辑控制元件和触发装置也需要操动 100 次。而 B 系统的工作负荷较低，一天内安全传感器只需要操动一次。我们可以想象，在高强度的使用负荷下，A 系统的安全生命周期比 B 系统短。或者可以说，在一定的时间段内，A 系统出现故障的概率要比 B 系统高。但是根据 EN 954-1，这两个系统可以达到一样的安全等级。所以，EN 954-1 需要被更新和优化。

### 三、EN/ISO 13849-1 的安全要求

随着新兴技术的不断涌现，按照 EN 954-1 这种设计方法和要求不能满足技术不断进步的要求。第一，因为 EN954-1 标准已经使用了 10 多年，而没有进行过更新，使得该标准不能适用现在一些新兴技术的要求。第二，该标准主要适用于气动、液压、电气和部分确定的电子产品系统，不能涵盖目前所有控制系统，特别是电子技术的快速发展。第三，使用 EN954-1 是建立在一定的经验基础和条件上，对控制系统进行的评估和确定，对于新出现的控制方法则显得力不从心。第四，EN954-1 给大家提供的只是对一个系统定性的评估，没有也无法实现定量化判断系统的安全性。第五，过去的标准对于控制系统的组成后的外界因素都假定是一成不变的，而没有考虑到意外因素对系统可靠性和安全性的影响。

在过去，我们根据 EN 954-1 评估一个控制系统的安全相关部分的安全能力，以 Category 等级为评判依据。将来，根据 EN/ISO 13849-1，判断一个控制系统的安全相关部分的安全能力，则需要参照 Performance level(PL)。Performance level（PL）即为安全相关部分的能力，此安全相关部分执行一个安全功能，在可以预见的情况下实现期望的风险减少。

根据 EN/ISO 13849-1 进行安全控制系统的设计步骤如下：

（1）确定机械的危险区域。

（2）定义风险参数 S、F、P。

（3）使用风险图表确定所要求的 Performance Levels PLr。

（4）设计和实施所要求的安全功能。

（5）决定 achieved Performance Levels 通过等级（Category）、平均无危险故障时间（MTTFd）、故障覆盖率（DC）、共因故障（CCF）。

（6）比较 achieved Performance Levels PL 和 required Performance Level PLr。

在 EN /ISO 13849-1 中，安全控制系统设计的第 1 和第 2 步骤与 EN 954-1 一致。但是，EN 954-1 中的 category（等级）不会出现在风险评估图表中，取而代之的是 PLr（Required Performance Level）。而 category 中所标定的 B、1、2、3、4 则由 PLr 中的 a、b、c、d、e 替代。与 EN 954-1 的系统性评估不同，ENISO 13849-1 对系统的安全性可以通过 PFHD（每小时危险失效概率）进行量化判断。

决定 achieved Performance Levels 可以通过等级（Category）、平均无危险故障时间（MTTFd）、诊断覆盖率（DC）、共因失效（CCF）。

EN/TSO 13848-1 中的等级（Category）的概念和描述与 EN 954-1 中类似。

平均无危险故障时间（MTTFd）已经存在于其他行业很多年了，引入机器安全控制系统领域，则是刚刚开始。该值可以属于一个元件，也可以是针对一个系统的描述。通常，对单个元件，它的 MTTFd 由该元器件的生产者或供应商提供。在今后的产品样本和说明书中，用户都可以找到该元件对应的 MTTFd 值。该时间通常以年为单位。对于一个系统，可以通过分段确定每部分的 MTTFd，然后计算出系统的平均无故障时间。

需要说明的一点是，对于有些存在磨损的元件，使用的次数可能决定元件首次出现故障的时间。对于这一类器件，供应商通常提供的是另外一个参数 Bl0d，表示每小时出现危险故障的概率。

诊断覆盖率（Diagnostic Coverage）是进行自动诊断测试而导致的硬件危险失效概率的降低部分。诊断覆盖率可以分为四个等级。

共因失效是一种失效，它是由一个或者多个事件导致的结果；在多通道系统中两个或者多个分离通道同时失效，从而导致系统失效。

等级、平均无危险故障时间、诊断覆盖率、共因失效为 EN/ISO 13849-1 中的四个重要参数指标，在应用实例中将会通过这四个参数分析安全控制系统的安全性能。

# 第三节 安全总线系统分析

## 一、现场总线概述

现场总线控制系统技术是 20 世纪 80 年代中期在国际上发展起来的一种崭新的工业控制技术。现场总线控制系统的出现引起了传统的 PLC 和 DCS 控制系统基本结构的革命性变化。现场总线控制系统技术极大地简化了传统控制系统烦琐且技术含量较低的布线工作量，使其系统检测和控制单元的分布更趋合理，更重要的是从原来的面向设备选择控制和通信方式转变成为基于网络来选择设备。自从 20 世纪 90 年代现场总线控制系统技术逐渐进入中国以来，随着 Internet 和 Intranet 的迅猛发展，现场总线控制系统技术越来越显示出其传统控制系统无可替代的优越性。现场总线控制系统技术已成为工业控制领域中的一个热点。

### (一) 现场总线的发展

计算机控制系统的早期，采用一台小型机控制几十条控制回路，目的是降低每条回路的成本。但计算机的故障将导致所有控制回路失效，所以后来发展成分布式控制系统（DCS），即由多台微机进行数据采集和控制，微机间用局域网连接起来成为一个统一系统。DCS 沿用了 20 多年，其优点和缺点均充分显露。最主要的问题仍然是可靠性不够好。一台微机坏了，该微机管辖下的所有功能都失效。一块 A/D 板上的模 / 数转换器坏了，该板上的所有通道全部失效。曾有过采用双机双 I/O 等冗余设计的尝试，但这又增加了成本，增加了系统的复杂性。为了克服系统可靠性、成本和复杂性之间的矛盾，更为了适应广大用户的系统开放性、互操作性要求，实现控制系统的网络化，一种新型的控制技术——现场总线控制系统技术正迅速发展起来。

### (二) 什么是现场总线系统

从名词定义来讲，现场总线是用于现场电器、现场仪表及现场设备与控制室主机系统之间的一种开放、全数字化、双向、多站的通信系统。而现场总线标准规定某个控制系统中一定数量的现场设备之间如何交换数据。数据的传输介质可以是电线电缆、光纤、电话线、无线电等。

通俗地讲，现场总线是用在现场的总线技术。传统控制系统的接线方式是一种并联接线方式，由 PLC 控制各个电器元件，对应每一个元件有一个 I/O 口，两者之间需要用两个线进行连接，作为控制电源。当 PLC 所控制的电器元件数量达到数十个甚至数百个时，整个系统的接线就显得十分复杂，容易搞错，施工和维护都十分不便。为此，人们考虑怎么样把那么多的导线合并到一起，用一根导线来连接所有设备，所有的数据和信号都在这个线上流通，同时设备之间的控制和通信可任意设置。因而，这根线自然地被称为总线，就如计算机内部的总线概念一样。由于控制对象都在工矿现场，不同于计算机通常用于室内，所以这种总线被称为现场地总线，简称现场总线。

### (三) 现场总线的特点

现场总线技术实际上是采用串行数据传输和连接方式代替传统的并联信号传输和连接方式的方法，它依次实现了控制层和现场总线设备层之间的数据传输，同时在保证传输实时性的情况下实现信息的可靠性和开放性。一般的现场总线具有以下几个特点。

1. 布线简单

这是大多现场总线共有的特性。现场总线的最大革命是布线方式的革命，最小化的布线方式和最大化的网络拓扑使得系统的接线成本和维护成本大大降低。由于采用串行方式，所以大多数现场总线采用双绞线，还有直接在两根信号线上加载电源的总线形式。这样，采用现场总线类型的设备和系统给人明显的感觉就是简单直观。

2. 开放性

一个总线必须具有开放性，这指两个方面：一方面能与不同的控制系统相连接，也就是应用的开放性；另一方面就是通讯规约的开放，也就是开发的开放性。只有具备了开放性，才能使得现场总线既具备传统总线的低成本，又能适应先进控制的网络化和系统化要求。

3. 实时性

总线的实时性要求是为了适应现场控制和现场采集的特点。一般的现场总线都要求在保证数据可靠性和完整性的条件下具备较高的传输速率和传输效率。总线的传输速度要求越快越好；速度越快，表示系统的响应时间就越短。但是传输速度不能仅靠提高传输速率来解决，传输的效率也很重要。传输效率主要是有效用户数据在传输帧中的比率，还有成功传输帧在所有传输帧的比率。

4.可靠性

一般总线都具备一定的抗干扰能力，同时当系统发生故障时，具备一定的诊断能力，以最大限度地保护网络，病情较快地查找和更换故障节点。总线故障诊断能力的大小是由总线所采用的传输的物理媒介和传输的软件协议决定的，所以不同的总线具有不同的诊断能力和处理能力。

### (四) 现场总线的应用领域

现场总线的种类很多。据不完全统计，目前国际上有40多种现场总线。导致多种现场总线同时发展的原因有两个，一是工业技术的迅速发展，使得现场总线技术在各种技术背景下得以快速发展，并且迅速得到普及，但是普及的层面和程度受到不同技术发展的侧重点不同的影响而各不相同。另一方面，工业控制领域"高度分散、难以垄断"。这和家用电器技术的普及不同，工业控制所涵盖的领域往往是多学科、多技术的边缘学科，一个领域得以推广的总线技术到了另一个新的领域有可能寸步难行。

控制系统是有不同的层次的。控制系统的金字塔结构中，左边的文字表示系统的逻辑层次，由上到下分别为协调级、工厂级、车间级、现场级和操作器与传感器级。现场总线涉及的是最低两级。右边文字表示系统的物理设备层次，由上到下依次为主计算机、可编程序控制器、工业逻辑控制器、传感器与操作器（如感应开关、位置开关、电磁阀、接触器等）。

对应不同的系统层次，现场总线有着不同的应用范围。纵坐标由下往上表示设备由简单到复杂，即由简单传感器、复杂传感器、小型 PLC 或工业控制机到工作站、中型 PLC 再到大型 PLC、DCS 监控机等，数据通信量由小到大，设备功能也由简单到复杂。横坐标表示通信数据传输的方式，从左到右，依次为二进制的位传输、8 位及 8 位以上的字传输、128 位及以上的帧传输以及更大数据量传输的文件传输。

ASI、Sensorloop、Seriplex 等总线适用于由各种开关量传感器和操作器组织的底层控制系统，而 DeviceNet、Profibus DP 和 World FIP 适用于字传输的各种设备，至于 Profibus PA、Fieldbus Foundation 等更多地适用于帧传输的仪表自动化设备。所以对我们适用的总线在传感器（Sensor）和设备（Equipment）的区域内。

在发达国家，现场总线技术从 20 世纪 80 年代开始出现并逐步推广到现在，已经被工业控制领域广泛应用。在中国，20 世纪 90 年中后期引入现场总线，至今在技术概念上已被广泛接受，用户群和使用面迅速增加和扩大，许多自动化项目把现场总线控制作为选择方案之一；还有不少本土化的现场总线产品出现，并迅速得以产业化。

目前，现场总线技术的应用主要集中在冶金、电力、水处理、乳品饮料、烟草、水泥、石化、矿山以及 OEM（Original Equipment Manufacturer，原始设备制造商）用户等各个行业，同时还有道路无人监控、楼宇自动化、智能家居等新技术领域。

## 二、安全现场总线研究

### （一）概述

安全控制系统由传感器（Seneor）、逻辑控制元件（Logic）和触发装置（Actuator）三部分组成，构成一条安全链。逻辑控制元件是其中最为复杂和重要的部分。因为逻辑控制元件需要获取传感器的信号，在内部进行简单或复杂的逻辑运算，然后可靠地控制触发装置。可以说，逻辑控制元件是整个安全系统的心脏、大脑。

安全控制系统中的逻辑控制元件有安全继电器、安全可编程控制器和安全总线系统。安全继电器通常只需要接收单一类型信号，判断信号有误，进而控制外部触发装置。其逻辑功能比较简单，在这里不多做介绍。安全可编程控制器和安全总线系统在 20 世纪 90 年代末出现，近年来逐渐在工业控制领域广泛被应用。安全总线系统是以安全可编程控制器为其主要硬件平台，以电缆或光纤为通讯媒介，通过可靠、安全的通讯手段，采集远程 I/O 上的信号，进行输入输出控制。

在20世纪末，当可编程安全控制系统（安全PLC）出现后，安全总线通讯就已经在工业自动化领域中应用了。一套安全现场总线系统必然由可编程安全控制系统、远程安全输入输出模块、物理通讯介质和通讯协议组成。通讯通常是在可编程安全控制系统和远程安全输入输出模块之间进行。如果在这些通讯中有未诊断的错误，则会使得受控的负载处于非定义的不确定状态，后果将可能是灾难性的。所以，安全现场总线系统整体安全性要求通讯可靠、实时、无损地进行。

最早出现的具有通讯协议的安全现场总线是称为 Safety BUS p 的安全现场总线。随着系统越来越变得庞大，又有不少制造商在系统范围内的通讯总线上开发了专有的通讯协议，支持安全现场总线通讯。以上这些通过安全认证的安全现场总线，根据 EN 954-1/ISO EN 13849-1 可以达到 Category 4/PL e，或根据 IEC 61508 可以达到 SIL3。这些总线支持很多类型的安全传感输入设备，如紧急停止按钮、安全光幕／光栅、安全门限位开关、激光扫描仪、双手控制按钮、安全地毯等。目前，工业自动化领域用得比较多的安全现场总线有 Safety BUS p、Profisafe、Device Net Safety。

### （二）基于现场总线的安全控制系统的安全要求

在机械制造领域，对于采用现场总线的安全控制系统，必须具有失效安全功能。现场设备，如传感器、电缆、控制器或触发器，在发生障碍、错误、失效的情况下，应该具有导致减轻以致避免损失的功能，以确保人员和机器的安全，这个要求就是失效—安全原则。

失效—安全狭义概念是指：当设备发生故障时，能自动导向安全一方的技术。广义概念是指：当设备发生故障时，不仅能自动导向安全一方，而且具有维护安全的手段。

基于失效安全的原则，我们可以对现场总线的通讯提出以下安全要求。

1. 现场总线的生存性

现场总线的生存性给出了现场总线在随机性破坏作用下的可靠性，这里随机性破坏是指组成现场总线的节点和链路自然失效。生存性实际上就是现场总线的连通性，使得在任何时刻都可以传送安全信息，因此它是实现现场总线故障安全传输的基本保证。当物理原因导致总线介质损坏，安全信息无法传达时，这个基于现场总线的安全控制系统必须做出正确的动作，使得机器保证安全的状态（如紧急停车），以保证人和机器的安全。

2. 安全信息传输的完整性

现场总线安全信息传输的完整性，是指现场总线在自身存在故障或外界干扰的条件下，总能以极高的概率将安全信息从源端正确传输到宿端。

3. 安全信息传输的实时性

现场总线安全信息传输的实时性是指现场总线在自身存在故障或外界干扰的条件下，总能以极高的概率保证在一个可预知的有限时间内完成安全信息的正确传输。为了保证整个现场总线的实施性，还必须满足下列三个时间约束：

（1）应当限定每个节点每次取得通信权的时间上限值。若超过此值，约束条件可以防止某一节点长期占有现场总线而导致其他节点的实时性恶化。

（2）应当保证在某一固定的时间周期内，现场总线的每一个节点都有机会取得通信权，以防止个别节点因为长时间得不到通信权而使其实时性太差甚至丧失。

（3）对于紧急任务，当其实时性要求临时变得很高时，应当给予优先服务。对于实时性要求比较高的节点，也应当使它取得通信权的机会比其他节点多一些。如果能采用静态（固定）的方式赋予某些节点较高的优先权，则将使紧急任务及重点节点的实时性得到满足。

4. 安全性信息传输的可测性

现场总线故障安全传输的实质就是实现安全信息的完整性和实时传输性，而现场总线传输的可测性就是指它能以极高的概率在一个预知的有限时间内检测到崩溃、遗漏、瑕疵和超时等失效，并能在预知的有限时间内进行校正。如果不能校正，通信控制器能以最短的执行时间和以最高的概率成功地向主机报告失效。

### （三）数据安全的常用原则

现场总线系统可以通过发送器的故障检测和重复发送作为标准的方式来保证数据安全地通信，可以通过发送冗余信息来进行故障检测。

（1）每一个字符提供一个校验位是最为简单的故障安全的原则。

（2）通过冗余循环校验码（CRC）保证数据安全（如 Profbue）。

（3）循环的测试顺序（如 Safety BUS p，INTERBUS，CAN）。

（4）其他的故障检测措施，如位监控（如 Safety BUS p，ASI，CAN）。

### （四）Safety BUS p 安全现场总线特点

Safety BUS p 是个开放的安全现场总线系统。来自不同的元器件生产厂家的产品可以连入 Safety BUS p 安全现场总线系统。在国际上，Safety BUS p 俱乐部可以为元器件厂家提供认证和技术。

1. Safety BUS p 参考模型

Safety BUS p 基于 CAN 总线技术。

CAN 具有突出的差错检验机理，如五种错误检测、出错标定和故障界定；CAN 传输信号为短帧结构，因而传输时间短，受干扰概率低。这些保证了出错率极低，剩余错误概率为报文出错率的 $4.7 \times 10^{-1}$。另外，CAN 节点在严重错误的情况下，具有自动关闭输出的功能，以使总线上其他节点的操作不受其影响。可见，CAN 具有高可靠性。

Safety BUS p 只采用了 OSI 参考模型中的第一、第二和第七层，即物理层、数据链路层和应用层。Safety BUS p 本质上定义了 OSI 第七层。

2. Safety BUS p 的传输特征

Safety BUS p 通过 3 芯的屏蔽电缆（双绞线）进行数据传输。由于 Safety BUS p 基于 CAN 总线，所以其通讯讯号采用 CAN 的差分电压的通信方式，由 CAN+、CAN⁻、CANGND 组成。

因为 CAN 总线具有以下技术特征，所以 Safety BUS p 在诸多总线协议中采用 CAN 作为其主要通讯协议：

（1）多主站依据优先权进行总线访问。

（2）无破坏性的基于优先权的仲裁。

（3）远程数据请求。

（4）配置灵活性。

（5）错误检测和出错信令。

（6）发送期间若丢失仲裁或由于出错而遭破坏的帧可自动重新发送。

（7）暂时错误和永久性故障节点的判别以及故障节点的自动脱离。

Safety BUS p 最长传输长度为 3.4 公里。根据传输长度和负载，其最高的传输速率可以达到 500kBits。在 Safety BUS p 总线上最多可以连接 8064 个 I/O 点。单条总线可以最多控制 64 个从站、32 个组群。

3. Safety BUS 同步传输技术

Safety BUS p 采用同步传输技术。在网络通信过程中，通信双方要交换数据，需要高度的协同工作。为了正确解释信号，接收方必须确切地知道信号应当何时接收和处理，因此定时是至关重要的。在计算机网络中，定时的因素称为位同步。同步是要接收方按照发送方发送的每个位的起止时刻和速率来接收数据，否则会产生误差。通常可以采用同步或异步的传输方式对位进行同步处理。异步传输（Asynchronou Tramiion）将比特分成小组进行传送，小组可以是 8 位的 1 个字符或更长。发送方可以在任何时刻发送这些比特组，而接收方从不知道它们会在什么时候到达。一个常见的例子是计算机键盘与主机的通信。按下一个字母键、数字键或特殊字符键，就发送一个 8 比特位的 ASCII 代码。键盘可以在任何时刻发送代码，这取决于用户的输入速度，内部的硬件必须能够在任何时刻接收一个键入的字符。异步传输存在一个潜在的问题，即接收方并不知道数据会在什么时候到达。在它检测到数据并做出响应之前，第一个比特已经过去了。这就像有人出乎意料地从后面走上来跟你说话，而你没来得及反应过来，漏掉了最前面的几个词。因此，每次异步传输的信息都以一个起始位开头，它通知接收方数据已经到达了，这就给了接收方响应、接收和缓存数据比特的时间；在传输结束时，一个停止位表示该次传输信息的终止。按照惯例，空闲（没有传送数据）的线路实际携带着一个代表二进制 1 的信号，异步传输的开始位使信号变成 0，其他的比特位使信号随传输的数据信息而变化。最后，停止位使信号重新变回 1，该信号一直保持到下一个开始位到达。例如，在键盘上数字"1"，按照 8 比特位的扩展 ASCII 编码，将发送"00110001"，同时需要在 8 比特位的前面加一个起始位，后面加一个停止位。异步传输的实现比较容易，由于每个信息都加上了"同步"信息，因此计时的漂移不会产生大的积累，但却产生了较多的开销。在上面的例子，每 8 个比特要多传送两个比特，总的传输负载就增加 25%。对于数据传输量很小的低速设备来说问题不大，但对于那些数据传输量很大的高速设备来说，25% 的负载增值就相当严重了。因此，异步传输常用于低速设备。

同步传输（Synchronous Trasmission）的比特分组要大得多。它不是独立地发送每个字符，每个字符都有自己的开始位和停止位，而是把它们组合起来一起发送。我们将这些组合称为数据帧，或简称为帧。数据帧的第一部分包含一组同步字符，它是一个独特的比特组合，类似于前面提到的起始位，用于通知接收方一个帧已经到达，但它同时还能确保接收方的采样速度和比特的到达速度保持一致，使收发双方进入同步。帧的最后一部分是一个帧结束标记。与同步字符一样，它也是一个独特的比特串，类似于前面提到的停止位，用于表示在下一帧开始之前没有别的即将到达的数据了。同步传输通常要比异步传输快速得多。接收方不必对每个字符进行开始和停止的操作。一旦检测到帧同步字符，它就在接下来的数据到达时接收它们。另外，同步传输的开销也比较少。例如，一个典型的帧可能有 500 字节（即 4000 比特）的数据，其中可能只包含 100 比特的开销。这时，增加的比特位使传输的比特总数增加 2.5%，这与异步传输中 25% 的增值要小得多。随着数据帧中实际数据比特位的增加，开销比特所占的百分比将相应减少。但是，数据比特位越长，缓存数据所需要的缓冲区也越大，这就限制了一个帧的大小。另外，帧越大，它占据传输媒体的连续时间也越长。在极端的情况下，这将导致其他用户等得太久。

4. Safety BUS p 多主站协议

Safety BUS p 采用了事件驱动的非破坏性的总线仲裁的多主站协议。协议中采用了信息优先的通讯原则。

现场总线系统有三种常见的总线访问模式：主从原则、令牌传递、CSMA/CA 和 CSMA/CD。

（1）主从原则

①一个总线节点（管理者）通过与其他节点（从站）之间的循环数据交换协调总线访问。这种方式成为轮询。

②使用通讯结构"一个对多个"的信息导向传输。

③等待时间与节点的数量成比例。这也就是说，如果总线系统需要等待时间，必须限制节点的数量或者提高传输速率。

④如 PROFIBUS-DP（主—从）、ASI、DeviceNet。

（2）令牌传递

①是一个多主站的系统。

②访问总线的权力是通过节点至节点之间传输的一个"令牌"。每一个享有总线访问权力的节点可以在一个固定的时间周期内使用总线（令牌持有时间）节点。

③使用通讯结构"多个对多个"的信息导向传输。

④等待周期由令牌循环时间、节点数量和令牌持有时间决定。

⑤如 PROFIBUS（主—主）。

（3）CSMA/CA&CSMA/CD

①是一个多主站系统。

②只要总线空闲，每一个想要发送信息的总线节点都能够使用总线。

③通讯结构采用"多个对多个"。

④如果超过一个的节点在同一个时间访问总线，将会出现总线冲突。

⑤一个总线冲突能够通过不同的方式被检测和被解决，如静态等候时间（CSMA/CD）以更新总线访问权或信息优先级仲裁（CSMA/CA）。

CSMA/CA 全称是带冲突避免的载波侦听多址接入协议。主要用于 WLAN 无线局域网；CSMA/CD 全称是带冲突检测的载波侦听多址接入协议，两者最重要的区别就在于 CSMA/CD 是发生冲突后及时检测，而 CSMA/CA 是发送信号前采取措施避免冲突。

CSMA/CD 是通过检测物理信道上信号电平的值来判定信道上是否有信号在发送。假设一个用户站发送数据时，信道上的电平范围在 $0 \sim 3v$。当有多个用户站同时发送信号，信道上的各信号就会叠加，使电平增大从而大于 $3v$，一旦监测信道的用户站发现信道上的电平大于正常值时，就判定发生了冲突，立即停止发送，等待一个随机过程再对信道进行监听。

CSMA/CA 与 CSMA/CD 基本原理非常类似，但是它适用于无线环境。无线信道存在隐蔽站和暴露站的问题（这两个问题主要是因为在无线信道上，信号可以向各个方向传输，而且传输距离有限引起的），不能使用 CSMA/CD 协议。CSMA/CA 协议可以说是 CSMA/CD 协议的改进，使它更适用于无线信道。

CSMA/CA 协议主要是解决站点隐藏的问题。它的原理是，工作站 a 如果要给 c 发送数据，它会首先激励 c，使其广播一个短信号，告诉周围的用户站自己要接收信号数据，这时收到信号的用户站就知道 c 站正忙，不再向它发送数据，从而避免冲突。

5. Safety BUS p 总线仲裁

Safety BUS p 是基于 CAN 总线的安全总线系统。其通讯介质访问方式为带优先级的 CS-MA/CA。Safety BUS p 采用多主竞争式结构，网络上任意节点均可以在任意时刻主动地向网络上其他节点发送信息，而不分主从，即当发现总线空闲时，各个节点都有权使用网络。在发生冲突时，采用非破坏性总线优先仲裁技术：当几个节点同时向网络发送信息时，运用逐位仲裁规则，借助帧中开始部分的标识符，优先级低的节点主动停止发送数据，而优先级高的节点可不受影响地继续发送信息，从而有效地避免总线冲突，使信息和时间均无损失。

Safety BUS p 通过显性 / 隐性位等级进行按位源的仲裁。一旦发生冲突，发送 0 的节点将会覆盖发送 1 的节点。每一个发送节点会检测其发送的信号是否与总线上的信号一致。如果一致，则该节点继续发送信号。如果不一致，该节点立即中止发送任务，转为接收状态。

Safety BUS p 总线系统中的通讯媒介是单通道。虽然 CAN 总线有非常强的抗噪能力，但其是一个非安全相关的总线系统。所以，在 Safety BUS p 总线中采用了一些措施来保证通讯的安全可靠。

（1）冗余、多样的硬件作为总线节点

在 Safety BUS p 中的安全相关的主站和从站都采用了冗余、多样的构架。Safety BUS p 总线系统中逻辑设备采用了 PSS 可编程安全控制系统。PSS 可编程安全控制系统采用了冗余、多样的处理器进行程序、总线管理。所有的安全相关 I/O 设备的头模块内部也采用了冗余处理芯片执行通讯功能。

PSS（安全可编程控制系统）的硬件安全与其他安全总线不同，Safety BUS p 是基于安全控制开发出来的安全总线系统。其硬件 PSS 和远程 I/O 模块在最初期，也是完全针对安全控制开发出来的产品。安全部分与非安全相关部分的控制是完全分离的，PSS 可编程安全控制器、远程 I/O 与 Safety BUS p 构成了一套独立于 SPS 非安全相关控制系统的安全系统。这套安全控制系统负责所有安全相关部分功能的控制，同时与非安全相关控制系统进行数据交换。

所以，Safety BUS p 安全总线系统中的 PSS 可编程安全控制器重要的功能就是控制安全相关信号。如 1003 的系统，PSS 可编程安全控制器的 CPU 内部有三个来自不同厂家的处理器。处理器 A 的处理速度最快。因为处理器 A 在处理安全部分的程序之外，还需要处理非安全相关的程序。非安全相关的程序主要负责安全系统与非安全系统的信息交换（如通过 Profibus 的信息交换）。处理器 B 和处理器 C 都是用来单独处理安全相关部分的程序。从系统构架的中央处理单元来看，Safety BUS p 总线系统的冗余、多样性保证了高的安全要求。

在远程 I/O 设备的芯片构架中，这个芯片成为 PSS SB CHIPSET，被设计作为 SafetyBUS p 总线系统中安全相关的系统。它执行总线接口部分，并且在总线和节点间组织数据交换。通过 Chip A 和 Chip B 两种相异的芯片设计，与应用层连接的 MFP（Multifunctional Port）实现冗余。除了实现 Safety BUS p 总线和应用层之间的信息交换，芯片也能够响应所实施的安全检测。例如，假设一个传输错误被检测出来，芯片组将会触发所配置的 I/O 组群，使其安全停机。

（2）通讯协议中的措施

① CRC 冗余循环校验。

② Echo 模式。

③连接检测。

④地址检测。

⑤时间检测。

# 第四节 安全控制系统的实现

## 一、Safety BUS p 的硬件平台

在 Safety BUS p 总线系统中，有三种类型的节点，分别是管理设备（MD）、逻辑设备（LD）、I/O 设备（IOD）。PSS（Programmable Safety

Systems）可编程安全系统包含了这三种类型的节点。这些设备可以通过 Safety BUS p 组态或通过应用程序激活。

PSS（Programmable Safety Systems）可编程安全系统是采用了冗余结构的 PLC。其 CPU 由三个不同的处理器组成。PSS 的类别可以包括模块化构架、紧凑型构架。

处理器 A 的运行速度最快，需要运行安全部分和非安全部分的程序。在各个处理器完成程序任务之后，进行同步，然后向输出寄存器输出结果。在每一个循环中，处理器都需要运行动态实施自检，以确保本系统的安全可靠性。

### （一）Safety BUS p 管理设备

管理设备是每一个 Safety BUS p 总线系统的核心。它是一个负责管理总线的逻辑设备单元。在 Safety BUS p 系统中，管理设备是来自 PSS 系列可编程控制系统中的设备，如 PSS SB3006-3 DP、PSS SB 3000/3100 等。通常，一个 Safety BUS p 总线系统中必须有一个管理设备。

管理设备的功能如下：

（1）构建总线通讯，并且设置通讯速率。

（2）使用组态工具配置所有的总线节点。

（3）在 Safety BUS p 总线系统中，对所有连接在总线上的节点进行连接检测。

（4）启动 I/O 组群。

（5）管理包括所有在总线系统中备案的故障的错误堆栈。

（6）准备诊断信息（Prepares diagnostic information）。

（7）分配 I/O 设备地址。

### （二）Safety BUS p 逻辑设备

逻辑设备作为 Safety BUS p 总线系统中的一个节点，能够处理来自 I/O 设备的信息。至少需要一个逻辑设备在总线系统中执行控制功能。

逻辑设备的功能如下：

（1）在操作过程中，对本设备分配的 I/O 设备进行连接检测。

（2）评估所有 I/O 组群中的输入信息。

（3）对信息进行逻辑处理。

（4）对本设备所分配的 I/O 组群中的输出进行控制。

### （三）Safety BUS p I/O 设备

I/O 设备是总线系统上的从站，不带有自我的信息逻辑处理能力。一个 I/O 设备可以是总线上的物理输入和输出模块。这些模块安装在现场，就近连接至现场传感器和触发装置。在 Safety BUS p 总线系统中，I/O 设备也可以是虚拟的输入 / 输出。这些虚拟的输入 / 输出由一个智能控制器（如 PSS）通过应用程序驱动。在这种情况下，逻辑设备读写这些虚拟 I/O 的内存，如 PSS 的数据块。

物理的 I/O 设备包括：

（1）数字输入模块（光幕）；

（2）数字输出模块（阀）；

（3）数组输入和输出模块（PSS SB DI808 或 PSSu）虚拟 I/O 设备；

（4）数字输入和输出模块。

## 二、Win pro 编程软件

Win pro 是 Pilz 开发的用于 PSS&Safety BUS p 安全系统的编程软件。该软件可以用于安全和非安全相关部分的编程、网络组态、地址分配、系统配置、诊断等功能。

### （一）编程界面

由于安全部分的编程要求需要在安全与非安全部分之间没有任何反馈。所以，Win pro 提供了两种界面的编程，分别用于非安全与安全应用。灰色界面的为非安全相关部分的编程。黄色界面的为安全相关部分的编程。进入安全相关部分编程界面需要输入密码。非安全部分的程序不能够直接影响安全部分的程序。两部分之间可以通过特殊的变量进行数据交换。

## (二) 编程

Win pro 提供了多种编程语言：语句表、梯形图和功能块。程序结构以 OB、PB、FB、DB 和 SB 的方式实现。OB 是组织结构块，也可成为主系统块。每一个程序必须有相应的 OB 块。PB 是程序块，用于存放用户程序，可以在 OB 中被调用。FB 是用户定义功能块，可以被调用。DB 是数据块，用于存放数据信息。SB 是标准功能块，是专门开发的、通过安全认证的功能块。

为了保证安全相关功能的编程安全，必须使用 SB 块。SB 块能够在 OB、PB 中被调用，编程人员只需要输入相应参数和地址，就可以实现安全功能的编程。如针对紧急停止按钮的功能块 SB 61。在功能块左端，SB 61 提供了功能块序号、复位信号、紧急停止按钮地址、复位设定等输入参数。在功能块右端，SB 61 提供一个输出参数。输入参数和输出参数之间的逻辑关系，在 SB 61 内部已经编译完成，无须编程人员考虑。这样，就可以保证不同的编程人员对安全功能的编译的安全性。

## 三、Safety BUS p 的网络组态

在 Win pro 中可以非常方便地通过 Safety BUS p Configuration 对网络进行组态。需要对 Safety BUS p 进行以下组态：

(1) 选择硬件模块，包括管理设备、I/O 设备。

(2) 对所选择的设备进行地址分配。Safety BUS p 规定地址范围为 32 至 95。其中，地址 32 为管理设备的地址。I/O 设备可以分配 33 至 95 的不同地址。

(3) 分配组群。为了达到高的可用性，Safety BUS p 提供组群分配的功能。可以将不同的设备划分至不同的组群。系统最多可以分配 64 个组群。当本组群中的某个设备出现问题，仅导致本组群内的设备停止运行，而不影响其他组群的正常工作。

网络参数设定包括通讯速率、事件响应时间、循环检测时间等。

## 第五节　安全自动化技术应用

### 一、安全自动化技术在汽车制造业的应用

在汽车制造业中有冲压、焊装、涂装、总装和动力总成几大工艺。其中，冲压车间是这几个工艺中最危险的。所以，安全自动化技术在冲压车间的应用最多、要求也最高。

一条冲压生产线一般由 5 至 6 台压机顺序组成。压机与压机之间由机械自动化装置连接，进行加工件的传递。这些机械自动化装置通常由机器人手臂组成。加工件在第一台压机完成冲压成形之后，由机械手传递至下一台压机，完成第二次冲压成形。如此类推，从最后一台压机运送出来的加工件就是目标成形产品。这样的一条高速冲压生产线，对自动化的要求非常高。由于其复杂程度高，在保证工艺功能的同时，还必须保证生产线的安全性。其安全性就是要保证生产线在生产运行、调试、清洗、维修过程中，不会对工作人员造成任何的伤害。通常，机器生产商或系统集成商会采用各种各样的安全保护功能来提高冲压生产线安全性。

#### （一）紧急停止装置

为了消除直接的或即将出现的危险，压机生产线中的每一个操作台、每一个现场电箱上必须装设具有紧急停止功能的装置。紧急停止功能可以通过一个或多个紧急停止装置来实现。在实际使用过程中，紧急停止装置只能作为机器设备附加的预防危险的措施，而不能用来取代必需的安全保护装置，也不能用作自动的安全装置。

可以根据标准 EN 418 来设计和使用紧急停止装置。要求控制装置或操动装置的锁定与紧急停止信号的触发之间的互相依赖关系更加紧密，同时还要能够防止意外解除紧急停止装置的锁定状态。特别要指出的是，对紧急停止装置有一个特殊的要求，即在给出紧急停止的命令信号之后，控制装置的操动头必须能够通过预先设置在内部的机械结构来自动运动到切断位置。这就意味着只有那些内部具有弹簧结构、在操动力达到了压力点之后能够自动锁定的装置才能满足这个要求，而那些通过内部升起动作来实现锁定功能的

装置则不能满足这个要求。

紧急停止装置是为了在机器设备的控制过程中，能够更好地防止无意之中的重新启动。在使用传统的控制装置时存在着一定的危险因素，即操动头很容易动作，不需要锁定和触发一个紧急停止信号。在这种情况下，对启动按钮的错误动作将会导致无意之中的，甚至可能是危险的重新启动，因为没有锁定功能，紧急停止设备的安全触点将不会再保持断开状态。

除了对于颜色、形状的要求外，EN 418：1992 标准中，还对紧急停止装置进行如下规范：

控制装置及其操动元件应该应用肯定的机械动作原理。

在操动元件动作后，紧急停止装置应该可以消除机器设备的危险动作，或者自动地以最有可能的方式降低危险。

紧急停止装置的操动元件动作后，在产生一个紧急停止命令信号的同时，应该会同时使控制装置锁定在停止状态。这样，当操动元件恢复原状后，紧急停止命令信号仍将保持，直到控制装置被复位（解锁）。在紧急停止命令信号没有产生时，不允许使控制装置处于锁定状态。在控制装置出现故障的情况下，产生紧急停止命令信号的功能应该比锁定功能具有优先权。

在控制装置处于动作期间，由紧急停止命令信号产生的机器设备的安全状态应该不会被无意更改。

在产生紧急停止信号后，机器设备可以有停止类别 0 或 1 两种形式，因此紧急停止应该具有如下功能：

（1）符合停止类别 0，也就是通过立即切断机器设备动作元件的工作电源使机器设备停止下来。

（2）或者使机器设备的危险部件与它们的机械操动元件之间形成机械脱离，如果有必要的话，产生不受控制的制动。

（3）或者符合停止类别 1，也就是机器设备的动作元件在通电的情况下其停止过程受到控制，在达到停止状态后再切断其工作电源。

### （二）安全门防护设备

为了防止人员在压机内遇到危险，可以采用多种方法，安装可移动的防护门是其中非常普遍的一种。设计压机生产线的防护门时，应该能够做到在机器的危险运动停止之前，或其他危险因素被排除之前，工作人员无法进入危险区域。安全门开关和电磁开关锁可以用来对可移动的防护门进行位置监控和锁紧。安全门开关和电磁开关锁最大的特点是，具有一个单独的分离式的操动件 (也可称为插片或操动钥匙)。使用安全门开关和电磁开关锁必须实现以下功能：

(1) 能够确保在安全防护门打开时，压机或机械自动化装置不会产生危险的动作；

(2) 如果使用的是安全门开关，则在压机或机械自动化装置运行过程中，一旦将可移动的安全防护门打开，必须能够使压机或机械自动化装置的危险动作停止下来；

(3) 如果使用的是电磁开关锁，则可移动的安全防护门必须一直保持锁定，直到压机或机械自动化装置运行状态不会导致危险状况的产生；

(4) 在 (2)(3) 两种情况下，关闭可移动的防护门都不会直接启动压机或机械自动化装置的危险动作。

在压机部分，较多使用安全电磁开关锁，这种安全电磁开关锁具有安全锁定和延时解锁释放功能。安全电磁开关锁有两种工作方式，一种是通过弹簧力锁定，通过电磁力解锁；另一种是通过电磁力锁定，通过弹簧力解锁。弹簧力锁定工作方式的安全电磁开关锁时通过内部的弹簧力来进行锁定，通过内部的电磁线圈通电产生的电磁力来进行解锁；如果电磁线圈没有通电，则可移动的防护门将始终保持锁定状态。在这种形式的电磁开关锁中，内部的弹簧为安全型的弹簧，其弹簧线圈之间的间隙比弹簧钢丝的直径还要小，这样可以避免弹簧的损坏，确保弹簧可以实现安全的锁定功能。电磁开关锁的另一种工作方式是通过电磁力锁定。当开关内部的电磁线圈通电后产生电磁力，这个电磁力克服弹簧的弹力之后将操动件锁定，而当电磁线圈断电之后，弹簧将恢复原状，从而将操动件解锁。

在 EN 1088: 1996 标准中明确指出，通过弹簧力锁定的电磁开关锁可以被当作安全开关用来保护人身安全，而通过电磁力锁定的电磁开关锁只能应用于少数情况。所以，在冲压生产线中，通常使用弹簧锁定的电磁开关锁。

### （三）双手控制设备

每一台压机必须使用至少一套双手控制装置，进行手动冲压操作。双手控制装置属于电敏式安全保护装置，其作用是当有人在操作机器设备，给机器设备一个产生危险动作的信号时，迫使其同时使用双手，从而必须待在一个地方，这样可以确保安全。

双手控制装置是安全保护装置，要求双手的动作必须保持同时，这也就意味着在启动机器或保持机器设备的运转时，只要机器设备的危险动作没有停止，操作人员的双手就会被一直限制在远离危险区域的范围之内。

在 prEN 574：1991 标准中，规定了三种不同类型的双手控制器，它们之间在安全保护等级上有所区别。

类型 1：具有两种控制功能的可能性，要求双手同时操作，并且在机器设备的危险运行过程中始终保持动作；一旦有一个控制操作装置被释放，机器设备的危险动作将立即停止。

类型 2：除了类型 1 的要求外，还要求当两个控制操作装置都被释放后，机器设备的再次运行必须要重新启动。

类型 3：除了类型 1 和 2 的要求外，还要求两个控制操作装置必须在小于等于 0.5 秒的时间内同时动作；如果时间间隔超过 0.5 秒，则必须将两个控制操作装置都释放，再重新启动机器。

### （四）安全光幕 / 光栅

在冲压生产线中，必须采用安全光幕 / 光栅进行换模区域和压机区域的安全防护。当自动换模的时候，必须保证人员没有进入该危险区域。由于模具是安放在压机线之外的开放区域，可以采用安全光栅进行安全保护。在压机与机械手的接口区域，也必须安装安全光幕。以保证机械手或人员在压机内的时候，压机不能进行冲压操作。安全光幕 / 光栅是一种保护各种危险机械装备周围工作人员的先进技术。同传统的安全措施，比如机械栅栏、滑动门、回拉限制等来相比，安全光幕 / 光栅更自由、更灵活。

在一个安全光幕 / 光栅中，一台光电发射器发射出一排排同步平行的红外光束，这些光束被相应的接收单元接收。当一个不透明物体进入感应区域，中断了一束或多束红外光束的正常接收，光栅的控制逻辑就会自动发出目标机器的紧急停止信号。发射装置装备了发光二极管（LED，Light Emitting Diode），当光栅的定时逻辑控制回路接通时，这些二极管就会发射出肉眼看不到的红外脉冲射线。这种脉冲射线按照预设的特定脉冲频率依次发射（LED 一个接着一个亮）。接受单元中相应的光电晶体管和支持电路被设计成只对这种特定的脉冲频率有反应。这些技术更大地保障了安全性，并屏蔽了外来光源可能的干扰。控制逻辑、用户界面和诊断指示器可以被整合在一个独立的附件中，也可以与接收电路系统一起配置在同一个机架上。

### （五）安全控制设备

通常，一条典型的大型冲压生产线长约 40 米，宽约 8 米，地面上高度约 10 米，地下深度约 6.5 米。各现场输入输出设备就分布在这样一个广大的空间中。而控制系统所在的电柜放置在冲压线旁边高度为 6 米和 10 米的电柜平台上。安全传感装置分布于整条线的各个不同位置。安全继电器、模块化安全 PLC 都可以作为安全控制装置应用于压机生产线。但是由于安全功能较多，且逻辑功能较为复杂，安全继电器的硬接线控制方式显然不适合冲压生产线安全应用。而各个安全传感装置的离散式分布，给采用集中式的模块化安全 PLC 的解决方案带来了电缆长、诊断困难等缺点。现场安全总线是最适合冲压生产线的安全解决方案。

每一台压机使用一套 Safety BUS p 安全总线系统。每一套安全总线系统中使用一个紧凑型安全 PLC PSS SB 3006-3 ETH2 作为主站，通过 Safety BUS p 安全现场总线，控制远程安全 I/O PSSu。PSS SB 3006-3 ETH2 安装在主电控柜之中。远程 I/O PSSu 则安装在现场的电控箱之中，就近进行安全传感装置和安全触发装置的控制。每一套安全总线系统之间通过网桥进行安全信号的传输。这样就构成了压机生产线的安全自动化控制网络。同时，PSS SB 3006-3ETH2 可以通过以太网与工艺部分的控制系统或上位机系统进行诊断信号的传输，便于现场的故障排除。

这样的安全解决方案在大众、宝马等国内诸多汽车生产厂家的冲压车间中被应用。

## 二、安全自动化技术在钢铁制造业的应用

在钢铁行业中，不论是冷轧生产线，还是整卷钢板的开卷、剪裁、再卷，这些生产过程都会对操作人员造成伤害。以济南钢铁集团冷轧厂为例，热轧带钢作为原料，进入酸洗流水线。由于热轧带钢经过轧制和冷却后在表面形成一层氧化铁皮，必须在冷轧之前进行酸洗以清除掉这层氧化铁膜，露出新鲜干净的带钢基体金属表面。带钢经过酸洗线之后，就被传送至冷轧设备，被加工至客户所要的厚度。然后，经过退火工序，令钢带内部晶体结构重组，使钢带的韧性得到增强。最后，经过平整流水线，消除带钢表面的凹凸不平现象后，得到成品。在整个生产过程中，冷轧流水线的工艺最为复杂、安全性要求最高。在轧制过程中，工作人员或调试人员需要在现场进行检测、设定、调试、润滑、清洗、手动装载和故障排除等操作。在这些操作过程中，带钢的开卷、再卷、乳酸液喷射、换辊、钢卷小车移动、X 射线测厚以及轧制过程等都会对工作人员或调试人员造成碾压、碰撞、冲击、切割、缠绕、拖拽、灼伤、辐射等伤害。所以，必须采用安全保护和控制设备来降低机器的风险，保护人和机器的安全。

现场分为 15 个安全区域。在现场的各个操作区域，都装有紧急停止按钮，用以终止机器异常的工作状况；在安全区域 6 和 7——轧机冷轧区域，采用卷帘门进行保护，防止高速运转的工作辊和高速移动的钢带对人员的伤害；当进梁上钢卷移动的时候，使用安全地毯和安全门，以确保处于该危险区域的人员的安全；模式转换开关和使能按钮的组合使用，保证轧机在正确的生产流程下运行；在工作区域，当有危险动作出现的时候，必须可靠地发出声光报警。以上安全功能必须由可靠的安全系统进行控制，经过逻辑运算后，执行安全的输出，控制电机的运转或伺服系统。

所有的安全输入输出点多达 700 个，并且分布分散在地下油库、乳酸区、轧机工作区、主控操作区域等。显然，采用集中式的控制系统是不合适的。所以，在该条生产线中，使用了 pilz 的 Safety BUS p 安全总线系统，进行离散的安全自动化控制。

现场的安全信号直接进入安全远程 I/O 模块。安全 I/O 模块通过 Safety BUS p，与主站 PSS SB 3000 可编程安全控制器进行安全数据交换。安全

PLC 在进行安全控制的同时，通过 Ethernet 通讯扩展模块进入 Ethernet，与控制液压、乳酸部分的普通 PLC 以及人机界面、TCS 等工艺控制或诊断部分进行数据交换。

系统中使用了安全功能块，保证了安全相关功能编程的可靠性。如 SB63 紧急停止功能块、SB 66 安全门功能块、SB67 输出反馈监控功能块以及针对 LOTO 功能的 SB 173 和 SB 174 功能块。

在钢铁工业中，人员需要经常进入机械工作区域进行维修、清洗和调试的工作。而钢铁工业中的机器控制功能非常复杂，在人员进入危险的机械工作区域时，为了保证机器不会意外启动，需要增加额外的安全保护手段，保护人员的安全。LOTO 功能即为实现这样的安全保护功能而设置。LOTO 全称为 Lock Out Tag On，挂锁上牌。

**(一) 控制操作**

其控制操作如下所述：

(1) 机器受控 (SPS) 停止。

(2) 工作人员按下 PB-1/2 闭锁停止按钮。

(3) 接收闭锁停止按钮信号的安全 PLC PSS 闭锁输出回路。PSS 通过 LCK1 和 LCK2 安全可靠切断输出回路，保证机器停止。

(4) 如线路反馈信号无误，现场绿色指示灯亮，表示人员可以进入危险区域。

(5) 工作人员赴现场实地确认机器停止，进入危险区域。

(6) 在闭锁过程中，一旦系统中出现任何故障，安全控制装置 PSS 立刻输出警示信号 (红色指示灯或蜂鸣装置)。

(7) 如果按钮被解锁，则会失去闭锁功能，机器准备下一次启动。

**(二) 优点**

(1) 安全系统与非安全系统在物理上分离。非安全系统负责整套冷轧线的工艺控制，是一个动态的系统。安全系统 Safety BUS p 和 PSS 负责现场所有的安全功能，静态地履行其安全职责；一旦现场出现任何风险，立即可靠地切断输出，使得机器安全地停止。

（2）离散式控制，节省成本，降低故障率。

（3）诊断容易——可以通过故障堆栈进行快速诊断；通过与 HMI 的数据交换，可以直观判断；可以通过程序在线诊断。

（4）安全可靠，达到欧洲安全要求；如果按照原先设计，该系统是一个高安全等级的系统。

### （三）遇到的问题

（1）工程人员变更了安全总线走线路径，使得总线长度加长，从而导致 Safety BUSp 中的时间检测参数需要降低。为了保证高的响应时间，在 Safety BUS p 现场总线中增加了路由器。

（2）安全现场总线对接线要求较高。施工方未按照要求接 Safety BUS p 安全总线的屏蔽线，导致整个系统不稳定。

（3）安全控制系统 PSS 对外部元器件的接线要求极高。任何短路故障的出现都会导致系统的停机。现场接线的低质量，导致在调试初期系统频繁停机。

（4）整个安全总线系统只设定了一个工作组群，可用性较低。

## 三、安全自动化技术在风力发电机组制造业的应用

按照欧洲机械指令，风力发电机组属于机械的范畴。这台机械可能对风机中维修、安装人员或者风机周围环境中的人员造成一定的伤害。同时，风机本身的设备损毁会带来巨大的损失。所以，必须考虑风力发电机组运行的安全，采取一系列的措施来降低风险。

电气控制系统是风力发电机组的核心技术之一，是风机安全可靠运行以及实现最佳运行的保证。风力发电机组中的电气控制系统可以分为（标准）控制系统和安全系统两部分。安全系统和控制系统属于两个不同的概念。控制系统指根据接收到的风力发电机组信息和／或环境信息，调节风力发电机组，使其保持在正常运行范围内的系统。安全系统指在逻辑上优先于控制系统的一种系统，在超过有关安全的限值后，或者如果控制系统不能使机组保持在正常运行范围内，则安全系统动作，使机组保持在安全状态。当控制系统和安全功能发生冲突之时，控制系统的功能应服从安全系统的要求。

下列情况下应该启动安全系统：控制系统功能失效、超速、风力发电机组过度振动、由于机舱偏航转动造成电缆的过度扭曲、发动机过载或出现故障（功率、短路、温度监控）、电网失电、负载丢失时的关机失效、紧急停止按钮被触发。可以采用两种安全解决方案：独立的安全控制系统（安全链）和集成的安全控制系统。

## （一）独立的安全控制系统

该解决方案采用完全分离的控制系统和安全系统。这两个系统在物理上完全分离。控制系统采用 Mita 的 WP 4000 控制器作为解决方案。安全系统则采用 Pilz PNOZmulti 模块化安全继电器作为解决方案。Mita 控制器负责风机运行相关的控制。而 PNOZmulti 进行风机中安全相关部分的控制。

PNOZmulti 作为 Logic 部分接收外部安全相关信号。这些安全相关信号包括紧急停止信号、临界转速、振动开关、临界功率、变桨控制系统和风机控制系统工作状况、扭缆开关、发动机绕组温度等。在进行内部逻辑分析判断后，PNOZmulti 输出控制断网接触器、刹车系统、变桨和偏航系统等，干预风机运行，使其处于安全的状态。

由于安全链的逻辑功能不是很复杂，无须要像控制系统那样采用基于 PC 的 PLC 产品。但是，安全输入点数在 20 个左右，采用独立的安全 PLC 成本过高；如采用紧凑的、独立的安全继电器，安全功能之间的逻辑关系需要用硬接线完成，故障诊断较困难。PNOZmulti 是一种模块化的安全继电器，内部采用冗余的逻辑芯片和冗余的输出电路，实现失效、安全的设计原则。每一套安全系统必须有一个主模块，带有 20 个输入点和 6 个输出点。主模块可以扩展输入输出模块，以增加安全输入/输出点数。同时，主模块还可以扩展总线通讯模块，如 Profibus Ethernet 等与控制系统进行通讯。可以通过 RS 232 对主模块进行编程。编程方式不同于传统的 PLC 中的编程语句，而是极其简便的功能块图。这样的一种产品非常适合风力发电机组的安全系统应用。解决方案特点总结如下：

（1）成本低。

（2）编程简单，逻辑功能实现简捷、快速。

（3）可以方便地连接控制系统，进行诊断数据传输。

(4) 分离的控制系统和安全系统，即标准功能与安全功能分离。

## （二）集成的安全控制系统和标准控制系统

这种解决方案将安全控制系统集成在标准控制系统之中，用一套系统和一套总线即可以完成标准和安全功能。典型的解决方案如 Bechhoff 的基于 PC 的控制系统。一般塔基的控制系统为一台装有 Twin CAT 自动化软件的 CX1020 嵌入式 PC。模块化的 CX 系统除配有标准接口（USB、DVI 和 Ethernet TCP/IP）以外，还选配了一个 CAN 总线接口，用于与变频器的通讯。其他连接传感器和执行器的 I/O 站点则通过高速 Ether CAT 总线系统进行通讯。独立的变桨系统则通过 PROFIBUS 主站总线模块集成到 Ether CAT I/O 系统中。机舱及塔基中的安全传感器和执行器也可以通过 Twin SAFE 技术直接集成到 Ether CAT 系统中，因此无须额外的安全控制系统和安全总线系统。该解决方案特点总结如下：

(1) 在控制系统中整合了安全功能，即一个平台或一个系统就可以完成。

(2) 安全和非安全功能。安全与非安全功能在同一个界面中编程，符合 IEC61131-3。

(3) 安全协议以 Ether CAT 为媒介，一根总线实现安全与非安全通讯。

# 第四章　设备自动化控制方法与技术

## 第一节　自动化设备控制的概念

### 一、自动化控制的基本组成

自动控制系统包括实现自动控制功能的装置及其控制对象，通常由指令存储装置、指令控制装置、执行机构、传递及转换装置等部分构成。

#### (一) 指令存储装置

由于被控制对象是一种自动化机械，因此其运动应该不依靠人而自动运行。这样就需要预先设置它的动作程序，并把有关指令信息存入相应的装置，在需要时重新发出，这种装置就称为指令存储装置(或程序存储器)。

指令存储装置大体上可以分为两大类：一类是全部指令信息一起存入一个存储装置，称为集中存储方式，如装有许多凸轮的分配轴、矩阵插角板、穿孔带、磁带、磁鼓和软盘等；另一类是将指令信息分别在多处存储，称为分散存储方式，如挡块、限位开关电位计、时间继电器和速度继电器等。

#### (二) 指令控制装置

指令控制装置的作用是将存储在指令存储装置中的指令信息在需要的时候发出。例如，执行机构移动到规定位置时挡块碰触限位开关，工件加工到规定尺寸时自动量仪中的电触点接通，液压控制系统中的压力达到规定压力时起动压力阀，主轴转速超过一定数值时速度继电器动作，等等。其中，限位开关、电触点、压力阀和速度继电器等装置能够将指令存储装置中的有关信息转变为指令信号发送出去，命令相应的执行机构完成某种动作。

### (三) 执行机构

执行机构是最终完成控制动作的环节。例如，拨叉、电磁铁、电动机和工作液压缸等。

### (四) 传递及转换装置

传递及转换装置的作用是将指令控制装置发出的指令信息传送到执行机构。它在少数情况下是简单地传递信息，而在多数情况下，信息在传递过程中要改变信号的量和质，转换为符合执行机构所要求的种类、形式、能量等输入信息。信息的传递介质有电、光、气体、液体和机械等，信息的形式有模拟式和数字式，信息的量有电压量、电流量、压力量、位移量和脉冲量等。在这些类别中，又各有介质、形式、量的转换，因此可组合成多种多样的形式。常见的传递和转换装置有各种机械传动装置、电或液压放大器、时间继电器、电磁铁和光电元件等。

## 二、自动化控制的基本要求

自动控制系统应能保证各执行机构的使用性能、加工质量、生产率及工作可靠性。为此，对自动控制系统提出如下基本要求：

(1) 应保证各执行机构的动作或整个加工过程能够自动进行。

(2) 为便于调试和维护，各单机应具有相对独立的自动控制装置，同时应便于和总控制系统相匹配。

(3) 柔性加工设备的自动控制系统要和加工品种的变化相适应。

(4) 自动控制系统应力求简单可靠。在元器件质量不稳定的情况下，对所用元器件一定要进行严格的筛选，特别是电气及液压元器件。

(5) 能够适应工作环境的变化，具有一定的抗干扰能力。

(6) 应设置反映各执行机构工作状态的信号及报警装置。

(7) 安装调试、维护修理方便。

(8) 控制装置及管线的布置要安全合理、整齐美观。

(9) 自动控制方式要与工厂的技术水平、管理水平、经济效益及工厂近期的生产发展趋势相适应。

对于一个具体的控制系统，第一项要求必须得到保证，其他要求则根据具体情况而定。

### 三、自动化控制的基本方式

这里所说的自动控制方式主要是指机械制造设备中常用的控制方式，如开环控制、闭环控制、分散控制、集中控制、程序控制、数字控制和计算机控制等，下面分别做简单说明。

#### (一) 开环控制方式

所谓开环控制就是系统的输出量对系统的控制作用没有影响的控制方式。在开环控制中，指令的程序和特征是预先设计好的，不因被控制对象实际执行指令的情况而改变。为了满足实际应用的需要，开环控制系统必须精确地予以校准，并且在工作过程中保持这种校准值不发生变化。如果执行出现偏差，开环控制系统就不能保证既定的要求。由于这种控制方式比较简单，因此在机械加工设备中广为应用。例如，常见的由凸轮控制的自动车床或沿时间坐标轴单向运行的任何系统，都是开环控制系统。

#### (二) 闭环控制方式

系统的输出信号对系统的控制作用具有直接影响的控制方式称为闭环控制。闭环控制也就是常说的反馈控制。"闭环"的含义，就是利用反馈装置将输出与输入两端相连，并利用反馈作用来减小系统的误差，力图保持两者之间的既定关系。因此，闭环系统的控制精度较高，但这种系统比较复杂。机械制造中常见的自动调节系统、随动系统和适应控制系统等都是闭环控制系统。

#### (三) 分散控制方式

分散控制又称行程控制或继动控制。在这种控制中，指令存储和控制装置按一定程序分散布置，各控制对象的工作顺序及相互配合按下述方式进行：当前一机构完成了预定的动作以后，发出完成信号，并利用这一信号引发下一个机构的动作。如此继续下去，直到完成预定的全部动作。每一执行部件在完成预定的动作后，可以采用不同的方式发出控制指令。如根据运动速度、行程量、终点位置和加工尺寸等进行控制。应用最多的发令装置是有触点式或无触点式限位开关和由挡块组成的指令存储和控制装置。

这种控制方式的主要优点是实现自动循环的方法简单，电气元件的通用性强，成本低。在自动循环过程中，当前一动作没有完成时，后一动作便得不到起动信号，因而分散控制系统本身具有一定的互锁性。然而，当顺序动作较多时，自动循环时间会增加，这对提高生产效率不利。此外，由于指令控制不集中，有些运动部件之间又没有直接的联锁关系，为了使这些部件得到起动信号，往往需要利用某一部件在到达行程终点后，同时引发若干平行的信号。这样，当执行机构较多时，会使电气控制线路变得复杂，电气元件增多，这对控制系统的调整和维修不利，特别是在使用有触点式装置的电器时，由于大量触点频繁换接，因此容易引起故障。目前，在常见的自动化单机和机械加工自动线的控制系统中，多数都采用这种分散控制方式。

### (四) 集中控制方式

具有一个中央指令存储和指令控制装置，并按时间顺序连续或间隔地发出各种控制指令的控制系统，都可以称为集中控制系统或时间控制系统。控制系统中有一个连续回转的用来进行集中控制的转鼓。在转鼓上装有一些凸块 (存储的指令)，当转鼓回转时，凸块分别碰触 1~5 处的限位开关，并接通相应的执行部件。当凸块转过后，放松限位开关，相应的执行部件就停止运动。转鼓转一转，执行部件完成一个工作循环。如果改变凸块的长度或转鼓的转速，就可以调整执行部件的运动时间和工作循环周期，但是不能控制工作部件的运动速度。

集中控制方式的优点是：所有指令存储和控制装置都集中在一起，控制链短且简单。这样，控制系统就比较简单，调整也比较方便。另外，由于每个执行部件的起动指令是由集中控制装置发出的，而停止指令则由执行部件移动到一定位置时，压下限位开关而发出，因此可以避免某一部件发生故障而其他部件继续运动与之发生碰撞或干涉的问题，工作精度和可靠性比较高。其实，这是由集中控制和分散控制组成的混合控制系统。

利用分配轴上的凸轮来驱动和控制自动机床或自动线上的各个执行部

件的顺序动作的控制系统是机械式集中控制系统，它是按时间顺序进行控制的，可以看成集中控制的方式。

### (五) 程序控制方式

按照预定的程序来控制各执行机构，使之自动进行工作循环的系统，都可以称为程序控制系统。它又可以分为固定程序控制系统和可变程序控制系统。

固定程序控制系统的程序是固定不变的，它所控制的对象总是周期性地重复同样的动作。这种控制系统的组成元件较少，线路比较简单，安装、调试及维护都比较方便。然而，如果要改变工作程序，这种控制系统基本就不能再用了。因此，这种控制方式只适用于大批量生产的专用设备。

可变程序控制系统的程序可以在一定范围内改变，以适应加工品种的变化。这种控制系统的组成元件较多，系统也比较复杂，投资也比较大。它适用于中小批量、多品种轮番生产。从目前的应用情况来看，较复杂的可变程序控制装置都采用电子计算机控制，规模较小的则常采用可编程序控制器控制；生产批量较大，加工品种变化不大时，经常采用凸轮机械式控制，品种改变时更换凸轮即可。

### (六) 数字控制方式

采用数控装置 (或称专用电子计算机)，以二进制码形式编制加工程序，控制各工作部件的动作顺序、速度、位移量及各种辅助功能的控制系统，称为数字控制系统，简称数控系统。它主要由控制介质 (如穿孔带、穿孔卡、磁带等)、数控装置及伺服机构组成。这种控制方式适用于加工零件表面形状复杂、品种经常改变的单件或小批量生产中所用的加工设备。

### (七) 计算机控制方式

将电子计算机作为控制装置，实现自动控制的系统，称为计算机控制系统。由于电子计算机具有快速运算与逻辑判断的功能，并能对大量数据信息进行加工、运算和实时处理，所以计算机控制能达到一般电子装置所不能达到的控制效果，实现各种优化控制。计算机不仅能够控制一台设备、一条自动线，而且能够控制一个机械加工车间甚至整个工厂。

## 第二节　机械传动设备控制

### 一、常用的机械传动

#### (一)平面连杆机构

由许多刚性构件用低副(回转副和移动副)连接组成的平面机构,称为平面连杆机构,也叫作平面低副机构。平面连杆机构广泛用于各种机械和仪表中,其种类繁多,运动形式多样,其中最基本、最常用的是四杆机构。平面四杆机构的基本形式是铰链四杆机构。对铰链四杆机构来说,机架和连杆总是存在的。因此,按连架杆运动情况不同,铰链四杆机构可以分为三种基本形式。

1. 曲柄摇杆机构

铰链四杆机构中,若两个连架杆中的一个为曲柄(可旋转360°),另一个为摇杆(在一定角度范围内做来回摆动),则此机构称为曲柄摇杆机构。通常曲柄为原动件,做等速转动,而摇杆为从动件,做变速往复摆动。如牛头刨床的横向自动进给机构。

2. 双曲柄机构

两个连架杆均为曲柄的铰接四杆机构称为双曲柄机构。

3. 双摇杆机构

两个连架杆均为摇杆的铰接四杆机构称为双摇杆机构。这种机构应用也很广泛。

显然,铰接四杆机构在实际各类机械工程中得到了广泛的应用。不仅如此,实际应用中,还广泛采用着其他型式的四杆机构,它们大多数都可看作由曲柄摇杆机构演化而成的。

#### (二)齿轮机构

齿轮传动是工程机械中应用最为广泛的一种传动形式,是以齿轮的轮齿互相啮合传递轴间的动力和运动的机械传动。齿轮就是在其中相互啮合的有齿的机械零件,是机械工程中应用最为广泛的八大基础零件之一。

**1. 齿轮机构组成**

齿轮机构由主动齿轮、从动齿轮和机架组成。通过齿廓间的高副接触，将主动轮的运动和动力传递给从动轮，使从动轮获得所需要的转速、转向和转矩。它可以保证主动轴和被动轴之间的精确速比。齿轮传动应用极广，具有结构紧凑、传递功率范围广、效率高、寿命长、工作可靠、传动比准确等优点，且可实现平行轴、任意角相交轴和任意角交错轴间传动。但其制造和安装精度要求较高，不适宜远距离两轴之间的传动。否则，噪声较大，齿轮承载能力会降低。

**2. 齿轮种类**

齿轮种类很多，通常有以下分类方法：齿轮按照齿形的变位可分为标准齿轮、变位齿轮；按其外形可分为圆柱齿轮、锥齿轮、齿条、蜗杆—蜗轮；按齿线形状可分为直齿轮、斜齿轮、人字齿轮、曲线齿轮；按制造方法可分为铸造齿轮、切制齿轮、烧结齿轮等。

同样，齿轮传动的类型也很多，按齿轮轴线的相对位置可分为平行轴齿轮传动、相交轴齿轮传动和交错轴齿轮传动。平行轴齿轮传动又可分为直齿轮传动、斜齿轮传动、人字齿轮传动、齿轮—齿条传动和内啮合齿轮传动等。相交轴齿轮传动又可分为直齿锥齿轮传动、斜齿锥齿轮传动和曲线齿锥齿轮传动等。交错轴齿轮传动又可分为双曲面齿轮传动、螺旋齿轮传动和蜗杆传动等。齿轮传动按齿轮的外形可分为圆柱齿轮传动、锥齿轮传动、非圆柱齿轮传动、齿条传动和蜗杆传动。按轮齿的齿廓曲线可分为渐开线齿轮传动、摆线齿轮传动和圆弧齿轮传动等。常用的主要如下：

（1）圆柱齿轮传动。圆柱齿轮传动是用于两平行轴间的传动，采用的齿轮都是圆柱形的。齿轮齿形一般有直齿、斜齿、人字形齿等。相应的传动分别有直齿轮传动、斜齿轮传动和人字齿轮传动等。直齿轮传动适用于中、低速传动；斜齿轮传动运转平稳，适用于中、高速传动。人字齿轮传动适用于传递大功率和大转矩的传动。圆柱齿轮传动的啮合形式有三种，分别为外啮合齿轮传动、内啮合齿轮传动和齿轮齿条传动。外啮合齿轮传动由两个外齿轮相啮合，两轮的转向相反；内啮合齿轮传动，由一个内齿轮和一个小的外齿轮相啮合，两轮的转向相同；齿轮齿条传动，可将齿轮的转动变为齿条的直线移动，或者相反。

（2）锥齿轮传动。锥齿轮传动用于相交轴间的传动，其所采用的啮合齿轮为锥形。同样，依据锥齿轮的齿形不同，锥齿轮传动有斜齿锥齿轮传动、直齿锥齿轮传动、曲线齿锥齿轮传动等。

（3）蜗轮蜗杆传动。蜗轮蜗杆传动是交错轴传动的主要形式，轴线交错角一般为90°。蜗杆传动可获得很大的传动比，通常单级为8~90，传递功率可达4500千瓦，蜗杆的转速可达到30000转/分钟，圆周速度可达到70米/秒。蜗杆传动工作平稳，传动比准确，可以自锁，但自锁时传动效率低于0.5。蜗杆传动齿面间滑动较大，发热量较多，传动效率低，通常为0.45~0.49。

（4）圆弧齿轮传动。圆弧齿轮传动是用凸凹圆弧做齿廓的齿轮传动。空载时两齿廓是点接触，啮合过程中接触点沿轴线方向移动，靠纵向重合度大于1来获得连续传动。特点是接触强度和承载能力高，易于形成油膜，无根切现象，齿面磨损较均匀，跑合性能好；但对中心距、切齿深和螺旋角的误差敏感性很大，故对制造和安装精度要求高。

（5）摆线齿轮传动。摆线齿轮传动是用摆线做齿廓的齿轮传动。这种传动齿面间接触应力较小，耐磨性好，无根切现象，但制造精度要求高，对中心距误差十分敏感。仅用于钟表及仪表中。

### （三）间歇传动机构

将主动件的连续运动转化为从动件有停歇的周期性运动的机构称为间歇运动机构。间歇运动机构可分为单向运动和往复运动两类。

1. 单向间歇运动机构

单向间歇运动机构的特点是当主动件与从动件脱离接触，或虽不脱离接触但主动件不起推动作用时，从动件便不产生运动。单向间歇运动机构广泛应用于生产中，如牛头刨床上工件的进给运动、转塔车床上刀具的转位运动、装配线上的步进输送运动等。棘轮机构、槽轮机构、不完全齿轮机构和凸轮单向间歇运动机构等都用这种方法来实现间歇运动。

2. 往复间歇运动机构

往复间歇运动机构的特点是当主动件运动时，它会带动从动件进行往复运动。常用的间歇机构主要如下：

（1）凸轮机构。在各种用来实现连续输入间歇输出运动传递的间歇传动机构中，应用最广泛的就是凸轮机构。凸轮机构是由凸轮、从动件和机架这三个基本构件组成的一种高副机构。

①凸轮机构的优点是结构简单、运转可靠、转位精确，无须专门的定位装置，易实现工作对动程和动停比的要求。最吸引人的特征是其多用性和灵活性，从动件的运动规律取决于凸轮轮廓曲线的形状；只要适当地设计凸轮的轮廓曲线，就可以使从动件获得各种预期的运动规律，这也是间歇运动机构不同于棘轮机构、槽轮机构的最突出优点。正是由于这些独特的特点，凸轮式间歇运动机构在轻工机械、化工机械、医疗制药、食品包装与罐装、冲压机械、制造自动化生产线等机械中得到了广泛的应用。

②凸轮机构的缺点在于凸轮廓线与从动件之间是点或线接触的高副，易于磨损，故多用在传力不太大的场合。

③工程实际中根据所使用的凸轮廓面形状不同，凸轮机构形式多种多样，常用的有以下几种：

A. 盘形凸轮机构。当其绕固定轴转动时，可推动从动件在垂直于凸轮转轴的平面内做往复运动。它是凸轮最基本的形式，结构简单，应用最广。

B. 移动凸轮机构。当盘形凸轮的转轴位于无穷远处时，就演化成了板状的凸轮或楔形凸轮，这种凸轮机构通常称为移动凸轮机构。凸轮呈板状，它一般相对于机架做直线移动。在以上两种凸轮机构中，凸轮与从动件之间的相对运动均为平面运动，故又统称为平面凸轮机构。

C. 圆柱凸轮机构。凸轮的轮廓曲线做在圆柱体上。它可以看作把上述移动凸轮卷成圆柱体演化而成的。在这种凸轮机构中，凸轮与从动件之间的相对运动是空间运动，故而它属于空间凸轮机构。

当然，工程实际应用中还有许多其他形式的凸轮机构，如弧面凸轮机构等。另外，按照从动件与凸轮接触的方式不同，又可分为滚子从动件凸轮、平底从动件凸轮和尖端从动件凸轮等。

（2）棘轮机构。棘轮机构是由棘轮和棘爪组成的一种单向间歇运动机构。它将连续转动或往复运动转换成单向步进运动。棘轮轮齿通常用单向齿，棘爪交接于摇杆上，当摇杆逆时针方向摆动时，驱动棘爪插入棘轮齿以推动棘轮同向转动；当摇杆顺时针方向摆动时，棘爪在棘轮上滑过，棘轮停止转动。为了确保棘轮不反转，常在固定构件上加装止逆棘爪。棘轮机构工作时常伴有噪声和振动，因此它的工作频率不能过高。棘轮机构常用在各种机床和自动机中间歇进给或回转工作台的转位上，也常用在千斤顶上。

（3）槽轮机构。槽轮机构是由槽轮和圆柱销组成的单向间歇运动机构，又称马耳他机构。它常被用来将主动件的连续转动转换成从动件的带有间歇的单向周期性转动。槽轮机构有外啮合和内啮合两种形式，外啮合槽轮机构的槽轮和转臂转向相反，而内啮合相同。与外槽轮机构相比，内槽轮机构传动较平稳、停歇时间短、所占空间小。单臂外啮合槽轮机构是槽轮机构中最常用的一种，它由带圆柱销的转臂、具有四条径向槽的槽轮和机架组成。当连续转动的转臂上的圆柱销进入径向槽时，拨动槽轮转动；当圆柱销转出径向槽后，槽轮停止转动。转臂转一周，槽轮完成一次转停运动。槽轮机构一般用在转速不高、要求间歇地转过一定角度的分度装置中，如转塔车床上的刀具转位机构。它还常在电影放映机中用以间歇移动胶片等。

### （四）带传动

利用紧套在带轮上的挠性环带与带轮间的摩擦力来传递动力和运动的机械传动称为带传动。根据带的截面形状不同，可分为平带传动、V带传动、同步带传动、多楔带传动等。

带传动是具有中间挠性元件的一种传动，所以它具有以下优点：能缓和载荷冲击；运行平稳，无噪声；制造和安装精度不像啮合传动那样严格；过载时将引起带在带轮上打滑，因而可防止其他零件的损坏；可增加带长以适应中心距较大的工作条件（可达15米）。

带传动同时有下列缺点：首先有弹性滑动和打滑，使效率降低和不能保持准确的传动比（同步带传动是靠啮合传动的，所以可保证传动同步）；其次传递同样大的圆周力时，轮廓尺寸和轴上的压力都比啮合传动大；第三带的寿命较短。

平带传动时，带套在平滑的轮面上，靠带与轮面间的摩擦进行传动。平带传动结构简单，但容易打滑，通常用于传动比为3左右的传动。平带有胶带、强力绵纶带和高速环形带等。胶带是平带中最常用的一种，它强度高，传递功率范围广。编织带挠性好，但易松弛。强力绵纶带强度高，且不易松弛。高速环形带薄而软、挠性好、耐磨性好，专用于高速传动。平带的截面尺寸都有标准规格，可选取任意长度。

V 带传动时，带放在带轮上相应的型槽内，靠带与型槽两面的摩擦实现传动。V 带通常是数根并用，带轮上有相应数目的型槽。采用 V 带传动时，带与轮接触良好，打滑小，传动比较稳定，运动平稳。V 带传动适用于中心距较短和较大传动比的场合。此外，因 V 带数根并用，其中一根破坏也不致发生事故。

V 带有普通 V 带、窄 V 带和宽 V 带等类型，一般多使用普通 V 带。普通 V 带由强力层、伸张层、压缩层和包布层组成。强力层主要用来承受拉力，伸张层和压缩层在弯曲时起伸张和压缩作用，包布层的作用主要是增强带的强度。普通 V 带的截面尺寸和长度都有标准规格。普通 V 带适用于转速较高、带轮直径较小的场合。窄 V 带与普通 V 带比较，当高度相同时，其宽度比普通 V 带小约 30%。窄 V 带传递功率的能力比普通 V 带大，允许速度和曲挠次数高，传动中心距小，适用于大功率且结构要求紧凑的传动。

平带带轮和 V 带带轮均由三部分组成：轮缘（用以安装传动带）、轮毂（用以安装在轴上）、轮辐或腹板（联接轮缘与轮毂）。带速较低的传动带，其带轮一般用灰铸铁 HT200 制造，高速时宜使用钢制带轮。在结构上，其截面形状均有标准规格，带轮应易于制造，能避免由于铸造而产生过大的内应力，重量要轻。高速带轮还要进行动平衡。带轮工作面要保证适当的粗糙度值，以免把带很快磨坏。

同步齿形带传动是一种特殊的带传动。带的工作面要做成齿形，带轮的轮缘表面也做成相应的齿形，带与带轮靠啮合进行传动。与普通带传动相比，同步齿形带传动的特点是：带与带轮间无相对滑动，传动比恒定；可用于速度较高的场合；结构紧凑，耐磨性好；制造和安装精度较高，要求有严格的中心距，成本较高。同步齿形带传动主要用于要求传动比准确的场合，如计算机中的外部设备、电影放映机、录像机和纺织机械等。

### （五）链传动

利用链与链轮轮齿的啮合来传递动力和运动的机械传动称为链传动。链传动在传递功率、速度、传动比、中心距等方面都有很广的应用范围。目前，最大传递功率达到 5000 千瓦，最高速度达到 40 米 / 秒，最大传动比达到 15，最大中心距达到 8 米。但在一般情况下，链传动的传动功率一般小于 100 千瓦，速度小于 15 米 / 秒，传动比小于 8。链传动广泛应用于农业、采矿、冶金、起重、运输、石油、化工、纺织等各种机械的动力传动中。

和带传动相比，链传动的优点主要有：没有滑动；工况相同时，传动尺寸比较紧凑；不需要很大的张紧力，作用在轴上的载荷较小；效率较高；能在温度较高、湿度较大的环境中使用；等等。因链传动具有中间元件 (链)，和齿轮、蜗杆传动比较，需要时轴间距离可以很大。

链传动的缺点主要有：只能用于平行轴间的传动；瞬时速度不均匀，高速运转时不如带传动平稳；不宜在载荷变化很大和急促反向的传动中应用；工作时有噪声；制造费用比带传动高；等等。

链传动主要有下列几种型式：套筒链、套筒滚子链 (简称 "滚子链") 和齿形链。

### 1. 滚子链

滚子链是由内链板、外链板、销轴、套筒、滚子等组成。销轴与外链板、套筒与内链板分别用过盈配合固定，滚子与套筒为间隙配合。套筒链除没有滚子外，其他结构与滚子链相同。当链节屈伸时，套筒可在销轴上自由转动。当套筒链和链轮进入啮合和脱离啮合时，套筒将沿链轮轮齿表面滑动，易引起轮齿磨损。滚子链则不同，滚子起着变滑动摩擦为滚动摩擦的作用，有利于减小摩擦和磨损。

### 2. 套筒链

套筒链结构较简单、重量较轻、价格较便宜，常在低速传动中应用。滚子链较套筒链贵，但使用寿命长，且有减低噪声的作用，故应用很广。

### 3. 齿形链

齿形链是由彼此用铰接联接起来的齿形链板组成，链板两工作侧面间的夹角为 60°，链板的工作面与链轮相啮合。为防止链条在工作时从链轮上脱落，链条上装有内导片或外导片，啮合时导片与链轮上相应的导槽嵌合。

和滚子链比较，齿形链具有工作平稳、噪声较小、允许链速较高、承受冲击载荷能力较好 (有严重冲击载荷时，最好采用带传动) 和轮齿受力较均匀等优点；但价格较贵、重量较大，并且对安装和维护的要求也较高。

链轮结构也有一定的标准，但与带轮相比，其标准较宽松，有一定的范围，因而链轮齿廓曲线的几何形状可以有很大的灵活性。链轮轮齿的齿形应保证链节能自由地进入和退出啮合，在啮合时应保证良好的接触，同时它的形状应尽可能地简单。小直径链轮可采用实心式、腹板式，或将链轮与轴做成一体。链轮损坏主要由于齿的磨损，所以大链轮最好采用齿圈可以更换的组合式。

### (六) 流体传动

用流体作为工作介质的一种传动称为流体传动。其中，依靠液体的静压力传递能量的称为液压传动。依靠叶轮与液体之间的流体动力作用传递能量的称为液力传动。利用气体的压力传递能量的称为气压传动。

流体传动系统中最基本的组成部分是：将机械能转换成液体压力能的转换元件，如压缩机、液压泵和泵轮等；将流体压力能转换成机械能的转换元件，如气动马达、气缸、液压马达、液压缸和涡轮等，这种转换元件也称为执行元件；对流体能量进行控制的各种控制元件，如液压控制阀、液压伺服阀、气动逻辑元件和射流元件等。此外，流体传动系统中还包括液力耦合器、液力变矩器、活塞与气缸等部分。

流体传动系统中常用的元件如下。

1. 液压泵

液压泵是为液压传动提供加压液体的一种液压元件，是泵的一种。它的功能是把动力机的机械能转换成液体的压力能。输出流量可以根据需要来调节的称为变量泵，流量不能调节的为定量泵。常用的液压泵有齿轮泵、叶片泵和柱塞泵三种。齿轮泵体积小，结构简单，对油的清洁度要求不严，但泵受不平衡力，磨损严重，泄漏较大。叶片泵流量均匀，运转平稳，噪音小，工作压力和容积效率比齿轮泵高，结构也比齿轮泵复杂。柱塞泵容积效率高，泄漏小，可在高压下工作，多用于大功率液压系统；但结构复杂，价格贵，对油的清洁度要求高。一般在齿轮泵和叶片泵不能满足要求时才用柱塞泵。

2. 液压马达

液压马达是液压传动中的一种执行元件。它的功能是把液体的压力能转换为机械能以驱动工作部件。它与液压泵的功能恰恰相反。液压马达在结构、分类和工作原理上与液压泵大致相同。有些液压泵也可直接用作液压马达。液压泵只是单向转动，而液压马达则能正反转。液压马达可分为柱塞马达、齿轮马达和叶片马达。柱塞马达种类较多，有轴向柱塞马达和径向柱塞马达。轴向柱塞马达大都属于高速马达，径向柱塞马达则属于低速马达。齿轮马达和叶片马达属于高速马达，它们的惯性和输出扭矩很小，便于起动和反向，但在低速时速度不稳或效率显著降低。

3. 液压控制阀

液压控制阀是液压传动中用来控制液体压力、流量和方向的元件。液压控制阀主要有三类，其中控制压力的称为压力控制阀，控制流量的称为流量控制阀，控制通、断和流向的称为方向控制阀。

（1）压力控制阀。压力控制阀按用途分为溢流阀、减压阀和顺序阀。溢流阀能控制液压系统在达到调定压力时保持恒定状态。当系统发生故障，压力升高到可能造成破坏的限定值时，阀口会打开而溢流，以保证系统的安全。减压阀能控制分支回路得到比主回路油压低的稳定压力。顺序阀能使一个执行元件动作以后，再按顺序使其他执行元件动作。

（2）流量控制阀。流量控制阀的功能是调节阀芯和阀体间的节流口面积和它所产生的局部阻力对流量进行调节，从而控制执行元件的速度。流量控制阀按用途分为以下五种：

①节流阀。在调定节流口面积后，能使载荷压力变化不大和运动均匀性要求不高的执行元件的运动速度基本上保持稳定。

②调速阀。在载荷压力变化时能保证节流阀的进出口压差为定值。

③分流阀。不论载荷大小，能使同一油源的两个执行元件得到相等流量的为等量分流阀，得到按比例分配流量的为比例分流阀。

④集流阀。其作用与分流阀相反，使流入集流阀的流量按比例分配。

⑤分流集流阀。其兼有分流阀和集流阀两种功能。

（3）方向控制阀。方向控制阀按用途分为单向阀和换向阀。单向阀只允许流体在管道中单向接通，反向即切断。换向阀能改变不同管路间的通、断关系。根据阀芯在阀体中的工作位置数分两位、三位等，根据所控制的通道数分两通、三通、四通、五通等，根据阀芯驱动方式分手动、机动、电动、液动等。

4. 液力耦合器

液力耦合器是以液体为工作介质的一种非刚性联轴器，又称液力联轴器。液力耦合器靠液体与泵轮、涡轮的叶片相互作用产生动量矩的变化来传递扭矩。液力耦合器的输入轴和输出轴间靠液体联系，工件构件间不存在刚性联接。液力耦合器的特点是：能消除冲击和振动；输出转速低于输入转速，两轴的转速差随着载荷的增大而增加；过载保护性能和起动性能好。

5. 液力变矩器

液力变矩器是以液体为工作介质的一种非刚性扭矩变换器。液力变矩器靠液体与叶片相互作用产生动量矩的变化来传递扭矩。液力变矩器不同于液力耦合器的主要特征是它具有固定的导轮。导轮对液体的导流作用使液力变矩器的输出扭矩可高于或低于输入扭矩，因而成为变矩器。液力变矩器特点是：能消除冲击和振动，过载保护性能和起动性能好；输出转速可大于或小于输入转速，两轴的转速差随传递扭矩的大小而不同；有良好的自动变速性能。

6. 气缸和液压缸

气缸是用于气压传动中的实现往复运动的气动执行元件。它主要由活塞、活塞杆和气缸体等组成。其中，沿缸体轴线往复运动的活塞零件一般有圆盘形、圆柱形和圆筒形三种形式。在气缸中，活塞在气压的推动下做功。活塞的工作端面承受工作气体的压力，并与缸盖、缸壁构成燃烧室或压缩容积。活塞可用铸铁、锻钢、铸钢和铝合金等材料制造。气缸是气压传动中将压缩气体的压力能转换为机械能的气动执行元件。气缸一般分为单作用气缸和双作用气缸两种。在单作用气缸中，仅一端有活塞杆，活塞将气缸分成两部分。而双作用气缸中，两端都有活塞杆，分别从活塞的两侧供气。同样，在液压传动中，有液压缸执行元件，结构和工作原理同气缸类似。

（七）其他传动

1. 摩擦轮传动

利用两个或两个以上相互压紧的轮子间的摩擦力传递动力和运动的机械传动称为摩擦轮传动。工作时摩擦轮之间必须有足够的压紧力，以免产生打滑现象。摩擦轮传动按传动比的不同可分为定传动比摩擦轮传动和变传动比摩擦轮传动两类。定传动比摩擦轮传动按照摩擦轮形状不同，又可分为圆柱平摩擦轮传动和圆柱槽摩擦轮传动。在相同径向压力下，槽摩擦轮传动可以产生较大的摩擦力，比平摩擦轮具有较高的传动能力，但槽轮易于磨损。变传动比摩擦轮传动易实现无级变速，并具有较大的调速幅度。摩擦轮传动具有结构简单、传动平稳、传动比调节方便、过载时能产生打滑而避免损坏装置等优点。其缺点是传动比不准确、效率低、磨损大，而且通常轴受力较大，所以主要用于传递动力不大、传动比要求不严格或需要无级调速的情况。

2. 螺旋传动

利用螺杆和螺母的啮合来传递运动和动力的机械传动称为螺旋传动。其主要用于将旋转运动转换成直线运动，将转矩转换成推力。按工作特点，螺旋传动分为传力螺旋、传导螺旋和调整螺旋。

（1）传力螺旋以传力为主，它用较小的转矩产生较大的轴向推力，一般为间歇工作，工作速度不高，而且通常要求自锁，例如螺旋压力机和螺旋千斤顶上的螺旋。

（2）传导螺旋以传递运动为主，常要求具有高运动精度，一般在较长时间内连续工作，工作速度也较高，如机床的丝杠。

（3）调整螺旋用于调整并固定零件或部件的相对位置，一般不经常转动，要求自锁；有时也要求很高精度，如机器和精密仪表微调机构的螺旋。

## 二、机械传动控制的特点

机械传动控制方式传递的动力和信号一般都是机械连接的，所以在高速时可以实现准确地传递与信号处理，并且还可以重复两个动作。在采用机械传动控制方式的自动化装备中，几乎所有运动部件及机构都是由装有许多凸轮的分配轴来驱动和控制的。凸轮控制是一种最原始、最基本的机械式程序控制装置，也是一种出现最早而至今仍在使用的自动控制方式。例如，经常见到的单轴和多轴自动车床，几乎全部采用这种机械传动控制方式。这种控制方式属于开环控制，即开环集中控制。在这种控制系统中，程序指令的存储和控制均利用机械式元件来实现，如凸轮、挡块、连杆和拨叉等。这种控制系统的另外一个特点是控制元件同时又是驱动元件。

### 三、典型实例分析

如 C1318 型单轴转塔自动车床的机械集中控制系统，此机床的工作过程是：上一个工件切断后，夹紧机构松开棒料→棒料自动送进→夹紧棒料→回转刀架转位→刀架溜板快进、工进、快退→换刀→再进给（在回转刀架换刀和切削的同时，横向刀架可以进行）……如此反复循环进行工件的加工。机床除工件的旋转外，其余动作均由分配轴集中驱动与控制。分配轴是整台机床的控制中心，分配轴上装有主轴正反转定时轮、横向进给凸轮、送夹料定时轮、换刀定时轮和锥齿轮等。机床的所有动作都是按照分配轴的指令执行的。分配轴转动一圈，机床完成一个零件的加工。

这种凸轮机械传动控制系统的主要特点为工作可靠、使用寿命长、节拍准确、结构紧凑、调整时容易发现问题、调整完毕后便能正常进行工作等。然而，其结构较复杂，凸轮的设计和制造工作量较大，凸轮曲线有偏差时易产生冲击和噪声。另外，由于凸轮又兼做驱动元件，因此一般不能承受重载荷切削。

随着计算机与数控机床的发展，设计和制造准确的凸轮比以往更容易实现，可以精确地按设计要求加工凸轮曲线，所以凸轮的性能与可靠性都得到提高，也使得机械传动控制方式的精度和可靠性得以提高。但是，由于机械传动控制的专用性比较强，所以它的应用范围有一定限制，仅适合加工品种基本不变的大批量生产的产品。

## 第三节 液压与气动传动设备控制

机械制造过程中广泛采用液压和气动对整个工作循环进行控制。采用高质量的液压或气动控制系统，就成为了保证自动化制造装置可靠运行的关键。例如，在液压和气动控制系统中，为了提高工作可靠性，减少故障，要重视系统的合理设计，选择最佳运动压力和高质量的元器件，甚至最基本的液压管接头也要重视。总之，液压和气动控制系统是保证制造过程自动化正常运动和可靠工作的关键组成部分，必须给予足够的重视。

## 一、液压传动控制

液压传动是利用液体工作介质的压力势能实现能量的传递及控制的。作为动力传递，因压力较高，所以使用小的执行机构就可以输出较大的力，并且使用压力控制阀可以很容易地改变它的输出（力）。从控制的角度来看，即使动作时负载发生变化，也可按一定的速度动作，并且在动作的行程内还可以调节速度。因此，液压控制具有功率重量比大、响应速度快等优点。它可以根据机械装备的要求，对位置、速度、力等任意被控制量按一定的精度进行控制，并且在有外扰的情况下，也能稳定而准确地工作。

液压控制有机械 - 液压组合控制和电气 - 液压组合控制两种方式。凸轮推动活塞移动，活塞又迫使油管中的油液流动，从而推动活塞和执行机构移动，返回时靠弹簧的弹力使整个系统回到原位。执行机构的运动规律由凸轮控制，凸轮既是指令存储装置，同时又是驱动元件。

指令单元根据系统的动作要求发出工作信号（一般为电压信号），控制放大器将输入的电压信号转换成电流信号，电液控制阀将输入的电信号转换成液压量输出（压力及流量），执行元件实现系统所要求的动作，检测单元用于系统的测量和反馈等。

这种控制系统目前存在的主要问题是某些电气元器件的可靠性不高及液压元件经常漏油等，这样就使控制系统的稳定性受到了影响。因此，在设计和使用时，应给予重视并采取适当的补救措施。有关液压传动与控制的详细内容在专门课程中已做介绍，这里不再赘述。

## 二、气动传动控制

气动传动控制（简称气动控制）技术是以压缩空气为工作介质进行能量和信号传递的工程技术，是实现各种生产和自动控制的重要手段之一。气动控制技术不仅具有经济、安全、可靠和便于操作等优点，而且对于提高劳动条件、提高劳动生产率和产品质量具有非常重要的作用。

### (一) 气动控制的特点

(1) 结构装置简单、轻便，易于安装和维护，且可靠性高、使用寿命长。

(2) 工作介质大多采用空气，来源方便，而且使用后直接排出气体，既不污染环境，又能适应"绿色生产"的需要。

(3) 工作环境适应性强，特别是在易燃、易爆、多尘埃、辐射和振动等恶劣的场合也可使用。

(4) 气动系统易于实现快速动作，输出力和运动速度的调节都很方便，且成本低，同时在过载时能实现自动保护。

(5) 压缩空气的工作压力一般为 0.4 ~ 0.8MPa，故输出力和力矩不太大，传动效率低，且气缸的动作速度易随负载的变化而产生波动。

### (二) 气动控制的形式与适用范围

气动控制系统的形式往往取决于自动化装置的具体情况和要求，但气源和调压部分基本上是相同的，主要由气压发生装置、气动执行元件、气动控制元件以及辅助元件等部分组成。气动控制主要有以下四种形式：

(1) 全气控气阀系统。即整套系统中全部采用气压控制。该系统一般比较简单，特别适用于防爆场合。

(2) 电 - 气控制电磁阀系统。此系统是应用时间较长、使用最普遍的形式。由于全部逻辑功能由电气系统实现，所以容易使操作和维修人员接受。电磁阀作为电气信号与气动信号的转换环节。

(3) 气 - 电子综合控制系统。此系统是一种开始大量应用的新型气动系统。它是数控系统或 PLC 与气阀的有机结合，采用气 / 电或电 / 气接口完成电子信号与气动信号的转换。

(4) 气动逻辑控制系统。此系统是一种新型的控制形式。它以由各类气动逻辑元件组成的逻辑控制器为核心，通过逻辑运算得出逻辑控制信号输出。气动逻辑控制系统具有逻辑功能严密、制造成本低、寿命长、对气源净化和气压波动要求不高等优点。其一般为全气控制系统，更适用于防爆场合。

此外，气动控制为了适应自动化设备的需求，正逐步在气动机器人、气动测量机、气动试验机、气动分选机、气动综合生产线、装配线等方面得到广泛的应用。例如：采用气缸和控制系统做机床运动部件的平衡；采用气动离合器、制动器做机床制动、调速的控制；采用无杆气缸、磁性气缸做机床防护门窗的开关；使用微压（0.03~0.05MPa）气流做主轴部件的气封，防止尘埃和切削液侵入主轴部件，保持主轴精度；采用气动传感器，确认工件、刀具和运动部件的正确位置；采用气动传感技术，实现在线自动测控，使自动化加工设备具备监控功能等。

# 第四节　电气传动设备控制

电气传动控制（简称电气控制）是为整个生产设备和工艺过程服务的，它决定了生产设备的实用性、先进性和自动化程度的高低。它通过执行预定的控制程序，使生产设备实现规定的动作和目标，以达到正确和安全地自动工作的目的。

电控系统除正确、可靠地控制机床动作外，还应保证电控系统本身处于正确的状态；一旦出现错误，电控系统应具有自诊断和保护功能，自动或提示操作者做相应的操作处理。

## 一、电气控制的特点和主要内容

按照规定的循环程序进行顺序动作是生产设备自动化的工作特点，电气控制系统的任务就是按照生产设备的生产工艺要求来安排工作循环程序，控制执行元件，驱动各动力部件进行自动化加工。因此，电气控制系统应满足如下基本要求：①最大限度地满足生产设备和工艺对电气控制线路的要求；②保证控制线路的工作安全和可靠；③在满足生产工艺要求的前提下，控制线路力求经济、简单；④应具有必要的保护环节，以确保设备的安全运行。电气控制系统的主要构成有主电路、控制电路、控制程序和相关配件等部分。

## 二、电气控制的操作方式

自动化生产设备具有多种工作方式，一般用手动多路转换开关选择操作方式；在不同的操作方式下，系统自动调用不同的工作程序。

（1）自动循环（或称连续循环）。在自动循环方式下，按下"循环开始"按钮，生产设备将按预定的循环动作一次又一次地连续运行；只有在按下"预停"按钮后，该次循环结束后才会停止运行。

（2）半自动循环（或称单次循环）。在半自动循环方式下，每次工作循环都必须按下"循环开始"按钮才能开始运行。在手动上、下料和手动装夹工件时，这种方式是十分必要的。

（3）调整。在对生产设备进行调试或对设备的某个部分进行调整时，需要各动力部件能单独地做"单步"动作。常用的方法是对应于每一个动作都单设一个调整按钮，因而操纵台往往被大量的调整按钮占用。在采用 PLC 作为电控装置时，可用编码的方法减少调整按钮数量，同时减少了占用 PLC 输入端的数量。

（4）开工循环和收工循环。自动线有多个加工工位，如果在各工位上都没有工件时开始自动线的工作循环，则称为开工循环；如果再无工件进入自动线，则自动线应开始收工循环。之所以设置开工循环和收工循环两种操作方式，是因为在某些自动线的加工工位上不允许工件空缺。例如，对工件某工位进行气压密封性检查时，若工件空缺将无法发出信号。

### 三、电气控制的联锁要求

生产设备在运行中，各动力部件的动作有着严格的相互关系，这主要是通过电气控制系统的联锁功能来实现的。联锁信号按其在电路中所起的作用，可以分为联锁、自锁、互锁、短时联锁和长时联锁等，其基本要求如下：

（1）在机床起动后，液压泵电动机已起动信号是控制程序中必要的长时联锁信号，任何时候液压泵电动机停转，控制程序都应立即停止执行。

（2）在滑台快进、快退时，工件定位、夹紧信号应作为长时联锁信号。

（3）在滑台工作进给时，工件定位和夹紧信号、主轴电动机已起动信号、冷却泵和润滑电动机已起动信号在工作进给的全过程中作为长时联锁信号。

（4）在输送带、移动工作台移动和回转工作台转动时，拔销松开信号、输送机构或工作台抬起信号、各动力部件处于原位信号是长时联锁信号。

（5）在接通电动机正、反转的电路中及在控制滑台向前、向后的程序中，应加入"正 - 反""前 - 后"互锁信号。

（6）监视液压系统压力的压力继电器，因压力的波动会出现瞬时的抖动，因而在用压力继电器作为工件的夹紧信号时，应对信号做延时处理，或者只能作为短时联锁信号。在用压力继电器信号作为滑台死挡铁停留信号时，则应在滑台终端同时加上终点行程开关；只有在终点行程开关已压合的情况下，压力继电器信号才有效。

（7）在液压系统中使用带机械定位的二位三通电磁阀时，控制程序中可使用短时联锁信号。如果因工艺要求该信号必须是长时联锁，即如果该联锁信号消失，动作应该停止，则可以在联锁信号消失时，用该联锁信号的反相信号使二位三通阀复位，也可以起到长时联锁的作用。

（8）在"自动循环"操作方式下，上次循环的加工完成信号是起动下次循环的短时联锁信号。特别是在自动线的工作循环中，如果上一次工作循环没有完成，即没有加工完成信号，是不允许开始下次循环的。

（9）在多面组合机床中，对于刀具有可能相撞的危险区，应加互锁信号，各滑台应依次单独进入加工区，以避免相撞。

（10）在具有主轴定位的镗削机床中，主轴已定位信号是滑台快进和快退的联锁信号，而在滑台工进时，要起动主轴旋转，则必须有主轴定位已撤销的联锁信号。

以上是加工设备自动化程序设计中应考虑的一般联锁原则。必须说明的是，因为加工设备的配置形式是多种多样的，所以电气控制程序的设计必须在充分了解机床工艺要求的基础上，按实际需要考虑联锁关系，不可一概而论。联锁信号也不是越多越好，重复的和不必要的联锁会增加故障概率，降低可靠性。

在多段结构的自动线控制程序中，还需特别注意段与段之间连接部件动作的联锁，以避免碰撞事故发生。

## 四、常用的电气控制系统

从控制的方式来看，电气控制系统可以分为程序控制和数字控制两大类。常见的电气控制系统主要有以下四种。

### (一) 固定接线控制系统

各种电器元件和电子器件采用导线和印制电路板连接，实现规定的某种逻辑关系并完成逻辑判断和控制的电控装置，称为固定接线控制系统。在这种系统中，任何逻辑关系和程序的修改都要用重新接线或对印制电路板重新布线的方法解决，因而修改程序较为困难，主要用于小型、简单的控制系统。这类系统按所用元器件分为以下两种类型。

1. 继电器 - 接触器控制系统

此系统是由各种中间继电器、接触器、时间继电器和计数器等组成的控制装置。由于其价格低廉并易于掌握，因此在具有十几个继电器以下的系统中仍普遍采用。

此外，在已被广泛使用的 PLC 和各种计算机控制系统中，由继电器、接触器组成的控制电路也是不可缺少的。一个可靠的电控系统必须保证当 PLC 和计算机失灵时仍能保护机床设备和人身的安全。因此，在总停、故障处理和防护系统中，仍然采用继电器 - 接触器电路。

2. 固体电子电路系统

它是指由各类电子芯片或半导体逻辑元件组成的电控装置。由于此系统无接触触点和机械动作部件，故其寿命和可靠性均高于继电器 - 接触器系统，而价格同样低廉，所以在小型的程序无需改变的系统中仍有应用，或者在系统的部件控制环节上有所应用。

### (二) 可编程序控制系统

可编程序控制器（PLC）是以微处理器为核心，利用计算机技术组成的通用电控装置，一般具有开关量和模拟量输入 / 输出、逻辑运算、四则算术运算、计时、计数、比较和通信等功能。因为它是通用装置，而且是在具有完善质量保证体系的工厂中批量生产的，因而具有可靠性高、功能配置灵活、调试周期短和性能价格比高等优点。PLC 与计算机和固体电子电路控制系统的最大区别还在于 PLC 备有编程器，通过编程器可以利用人们熟悉的传统方法 (如梯形图) 编制程序，简单易学。另外，通过编程器可以在现场很方便地更改程序，从而大大缩短调试时间。因此，在组合机床和自动线上大都已采用 PLC 系统。

### (三) 带有数控功能的 PLC

将数控模块插入 PLC 母线底板或以电缆外接于 PLC 总线，与 PLC 的 CPU 进行通信，这些数字模块自备微处理器，并在模块的内存中存储工件程序，可以在 PLC 系统中独立工作，自动完成程序指定的操作。这种数控模块一般可以控制 1~3 根轴，有的还具有 2 轴或 3 轴的插补功能。

### (四) 分布式数控系统 (DNC)

对于复杂的数控组合机床自动线，分布式数控系统是最合适的系统。分布式数控系统是将单轴数控系统 (有时也有少量的 2 轴、3 轴数控系统) 作为控制基层设备级的基本单元，与主控系统和中央控制系统进行总线连接或点对点连接，以通信的方式进行分时控制的一种系统。

## 第五节　计算机控制技术

计算机在机械制造中的应用已成为机械制造自动化发展中的一个主要方向，而且其在生产设备的控制自动化方面起着越来越重要的作用。

### 一、普通数控机床的控制

普通数控 (NC) 机床，包括具有单一用途的车床、钻床、铣床、镗床和磨床等。它们是采用专用的计算机或称 "数控装置"，以数码的形式编制加工程序，控制机床各运动部件的动作顺序、速度、位移量及各种辅助功能，以实现机床加工过程的自动化。

### 二、加工中心的控制

加工中心 (MC) 是一种结构复杂的数控机床，它能自动地进行多种加工，如铣削、钻孔、镗孔、镳平面、铰孔和攻螺纹等。工件在一次装夹中，能完成除工件基面以外的其余各面的加工。它的刀库中可装几种到上百种刀具，以供选择，并由自动换刀装置实现自动换刀。可以说，加工中心的实质就是能够自动进行换刀的数控机床。加工中心目前多数都采用微型计算机进行控制。加工中心能够实现对同族零件的自动加工，变换品种方便。然而，由于加工中心的投资较大，所以要求机床必须具有很高的利用率。

### 三、计算机数控

计算机数控（CNC）与普通数控的区别是在数控装置部分引入了一台微型通用计算机。它具有功能适应性强、工艺过程控制系统和管理信息系统能密切配合、操作方便等优点。然而，这种控制系统只是在出现了价格便宜的微型计算机以后才得到了较快的发展。

### 四、计算机群控

计算机群控系统由一台计算机和一组数控机床组成，以满足各台机床共享数据的需要。它和计算机数控系统的区别是用一台较大型的计算机来代替专用的小型计算机，并按分时方式控制多台机床。

#### (一) 群控功能

中心计算机要完成三项有关群控功能：

（1）从缓冲存储器中取出数控指令。

（2）将信息按照机床进行分类，然后去控制计算机和机床之间的双向信息流，使机床一旦需要数控指令便能立即予以满足；否则，在工件被加工表面上会留下明显的停刀痕迹，这种控制信息流的功能称为通道控制。

（3）中心计算机还处理机床反馈信息，供管理信息系统使用。

#### (二) 间接式群控系统

间接式群控系统又称纸带输入机旁路式系统，它是用数字通信传输线路将数控系统和群控计算机直接连接起来，并将纸带输入机取代(旁路)。

可以看出，这种系统只是取代了普通数控系统中纸带输入机这部分功能，数控装置硬件线路的功能仍然没有被计算机软件取代，所有分析、逻辑和插补功能还是由数控装置硬件线路来完成。

### (三) 直接式群控系统

直接式群控（DNC）系统比间接式群控系统向前发展了一步，由计算机代替硬件数控装置的部分或全部功能。根据控制方式，又可分为单机控制式、串联式和柔性式三种基本类型。

在直接式群控系统中，几台乃至几十台数控机床或其他数控设备接收从远程中心计算机（或计算机系统）的磁盘或磁带上检索出来的遥控指令，这些指令通过传输线以联机、实时、分时的方式送到机床控制器（MCU），实现对机床的控制。

直接群控系统的优点有：①加工系统可以扩大；②零件编程容易；③所有必需的数据信息可存储在外存储器内，可根据需要随时调用；④容易收集与生产量、生产时间、生产进度、成本和刀具使用寿命等有关的数据；⑤对操作人员技术水平的要求不高；⑥生产效率高，可按计划进行工作。

这种系统投资较大，在经济效益方面应加以考虑。另外，中心计算机一旦发生故障，会使直接群控系统全部停机，这会造成重大损失。

## 五、适应控制

在实际工作中，大多数控制系统的动态特性不是恒定的。这是因为各种控制元件随着使用时间的增加在老化。工作环境在不断变化，元件参数也在变化，致使控制系统的动态特性也随之发生变化。虽然在反馈控制中，系统的微小变化对动态特性的影响可以被减弱，然而当系统的参数和环境的变化比较显著时，一般的反馈控制系统将不能保持最佳的使用性能。这时只有采用适应能力较强的控制系统，才能满足这一要求。

所谓适应能力，就是系统本身能够随着环境条件或结构的不可预计的变化，自行调整或修改系统的参量。这种本身具有适应能力的控制系统，称为适应控制系统。

在适应控制系统中，必须能随时识别动态特性，以便调整控制器参数，从而获得最佳性能。这点具有很大的吸引力，因为适应控制系统除了能适应环境变化以外，还能适应通常工程设计误差或参数的变化，并且对系统中较次要元件的破坏也能进行补偿，因而增加了整个系统的可靠性。

例如，在数控机床上，刀具轨迹、切削条件、加工顺序等都由穿孔带或计算机命令进行恒定控制，这些命令是一套固定的指令，虽然刀具不断磨损、切削力和功率已增加，或因各种原因使实际加工情况发生了变化，而这些变化是人不知道的，但机器所使用的程序却能自动适应这些情况的变化。因此，在制备程序时，编程人员必须计算出能适应最坏情况的一套"安全"加工指令。

采用适应控制技术，能迅速地调节和修正切削加工中的控制参数（切削条件），以适应实际加工情况的变化，这样才能使某一效果指标，如生产率、生产成本等始终保持最优。

# 第六节　典型设备控制技术应用

## 一、步进电动机的控制

步进电动机是一种将电脉冲转化为角位移的执行机构。当步进驱动器接收到一个脉冲信号时，它就驱动步进电动机按设定的方向转动一个固定的角度（即步进角）。可以通过控制脉冲个数来控制角位移量，从而达到准确定位的目的；同时还可以通过控制脉冲频率来控制电动机转动的速度和加速度，从而达到调速的目的。

### （一）步进电动机的特点

（1）电动机旋转的角度与脉冲数成正比。

（2）电动机停转的时候具有最大的转矩（当绕组励磁时）。

（3）由于每步的精度在2%～5%之间，而且不会将前一步的误差累积到下一步，因而有较好的位置精度和运动的重复性。

（4）可以实现快速的起停和反转响应。

（5）由于没有电刷，可靠性较高，因此电动机的寿命仅仅取决于轴承的寿命。

（6）电动机的响应仅由数字输入脉冲确定，因而可以采用开环控制，这使得电动机的结构比较简单，容易控制成本。

（7）仅仅将负载直接连接到电动机的转轴上，也可以得到极低速的同步旋转。

（8）由于速度与脉冲频率成正比，因而有比较宽的转速范围。

（9）可以达到步进电动机外表允许的最高温度。

但是步进电动机也存在一些不足：如果控制不当容易产生共振；难以运转到较高的转速；难以获得较大的转矩；在体积和重量方面没有优势，能源利用率低；超过负载时会破坏同步，高速工作时会发出振动和噪声；步进电动机的力矩会随转速的升高而下降；步进电动机低速时可以正常运转，但若高于一定的速度就无法起动，并伴有啸叫声。

步进电动机有一个技术参数——空载起动频率，即步进电动机在空载的情况下能够正常起动的脉冲频率。如果脉冲频率高于该值，电动机将不能正常起动，可能发生丢步或堵转。在有负载的情况下，起动频率应更低。如果要使电动机达到高速转动，脉冲频率应该有加速过程，即起动频率较低，然后按一定的加速度升到所希望的高频（电动机转速从低速升到高速）。

步进电动机作为执行元件，是机电一体化的关键产品之一，广泛应用在各种自动化控制系统中。随着微电子和计算机技术的发展，步进电动机的需求量与日俱增，在国民经济的各个领域都有应用。目前，打印机、绘图仪和机器人等设备都以步进电动机为动力核心。随着不同的数字化技术的发展以及步进电动机本身技术的提高，步进电动机将会在更多的领域得到应用。

虽然步进电动机已被广泛地应用，但步进电动机并不能像普通的直流电动机和交流电动机那样在常规条件下使用。它必须由双环形脉冲信号、功率驱动电路等组成控制系统才能使用。因此，用好步进电动机并非易事，它涉及机械、电动机、电子及计算机等许多专业知识。

步进电动机必须加驱动才可以运转，驱动信号必须为脉冲信号；没有脉冲信号的时候，步进电动机静止；如果加入适当的脉冲信号，它就会以一定的步进角转动；改变脉冲信号的顺序，可以方便地改变转动的方向。

### （二）步进电动机的控制原理

步进电动机的转动需要由驱动器驱动，驱动器由控制器控制，控制器由控制指令控制。如果步进电动机带动执行元件运动，一般需要设置左、右极限位置开关，以防止执行元件超过行程。

步进电动机的类型分为三种：永磁式（PM）、反应式（VR）和混合式（HB）。永磁式步进电动机一般为两相，其转矩和体积较小，步进角一般为7.5°或15°；反应式步进电动机一般为三相，可实现大转矩输出，步进角一般为1.5°，但噪声和振动都很大，在欧美等发达国家已被淘汰；混合式步进电动机综合了永磁式和反应式的优点。它又分为两相和五相：两相的步进角一般为1.8°，五相的步进角一般为0.72°，这种步进电动机的应用最为广泛。

## 二、交流伺服电动机的控制

伺服电动机的主要特点是，当信号电压为零时无自转现象，转速随着转矩的增加而匀速下降。伺服电动机又称执行电动机，在自动控制系统中，用作执行元件，把所收到的电信号转换成电动机轴上的角位移或角速度输出。

交流伺服电动机是交流电动机的一种，通过伺服驱动器的矢量控制理论控制电动机的转矩、速度和位置等。交流伺服电动机转子的电阻一般很大，当控制电压消失后，由于有励磁电压，此时的交流伺服电动机中会有脉振磁动势，这样可以防止自转。交流伺服电动机是一种带编码器的同步电动机，其效果比直流伺服电动机稍差，但维护方便；缺点是价格高且调速精度没有直流调速系统的高。

### (一) 交流伺服电动机的特点

（1）精度实现了位置、速度和力矩的闭环控制，克服了步进电动机失步的问题。

（2）转速高速性能好，一般额定转速能达到 2000 ~ 3000r/min。

（3）适应性抗过载能力强，能承受三倍于额定转矩的负载，对有瞬间负载波动和要求快速起动的场合特别适用。

（4）稳定、低速，运行平稳，低速运行时不会产生类似于步进电动机的步进运行现象，且适用于有高速响应要求的场合。

（5）及时性电动机加减速的动态响应时间短，一般在几十毫秒之内。

（6）舒适性发热和噪声明显降低。

与普通电动机相比，伺服电动机和步进电动机反应灵敏。

交流伺服电动机应用广泛，只要是需要动力源的，而且对精度有要求的设备一般都会用到交流伺服电动机，如机床、印刷设备、包装设备、纺织设备、激光加工设备、机器人和自动化生产线等对工艺精度、加工效率和工作可靠性等要求相对较高的设备。

### (二) 交流伺服电动机的控制原理

交流伺服电动机的转动需要由交流伺服驱动器驱动，交流伺服驱动器通过控制器与工控机相连，通过软件控制相应的接口，实现对交流伺服电动机的控制。如果交流伺服电动机带动执行元件运动，一般需要设置左、右极限位置开关，以防止执行元件超过行程。

# 第五章　加工设备控制自动化

## 第一节　加工设备控制自动化概述

### 一、加工设备自动化的意义

机械加工设备是机械制造的基本生产手段和主要组成单元，加工设备生产率得到有效提高的主要途径之一是采取措施缩短其辅助时间。加工设备工作过程的自动化可以缩短辅助时间，改善工人的劳动条件并减轻工人的劳动强度。因此，世界各国都十分注重发展加工设备的自动化。不仅如此，单台加工设备的自动化能较好地满足零件加工过程中某个或几个工序的加工半自动化和自动化的需要，为多机床管理创造了条件，是建立生产自动线和过渡到全盘自动化的必要前提，是机械制造业进一步向前发展的基础。因此，加工设备的自动化是零件整个机械加工工艺过程自动化的基本问题之一，是机械制造过程中实现零件加工自动化的基础。

### 二、加工设备自动化的途径

加工设备自动化主要是指实现了机床的加工循环自动化和辅助工作自动化。

在一般情况下，只实现了加工过程自动化的设备称为半自动加工设备；只有实现了加工过程自动化，并具有自动装卸能力的设备，才能称为自动化加工设备。机床加工过程自动化的主要内容是加工循环自动化，至于其他内容则根据机床加工要求的不同而有所差异；自动化水平高的机床，包含的内容就多些。

实现加工设备自动化的途径主要有以下几种：

（1）对半自动加工设备，通过配置自动上、下料装置来实现加工设备的完全自动化。

（2）对通用加工设备，运用电气控制技术、数控技术等进行自动化改造。

（3）根据加工工件的特点和工艺要求设计制造专用的自动化加工设备，如组合机床等。

（4）采用数控加工设备，包括数控机床、加工中心等。

目前，机械制造厂拥有大量的各类通用机床，对这类机床进行自动化改装来实现单机自动化是提高劳动生产率的途径之一。由于通用机床在设计时并未考虑进行自动化改装的需要，所以在改装时常常受到若干具体条件的限制，给改装带来困难。在进行机床自动化改装时，必须重视以下要求：①被改装的机床必须具有足够的精度和刚度；②改装和添置的自动化机构和控制系统必须可靠、稳定；③尽可能减少改装工作量，保留机床的原有结构，充分发挥机床原有的性能，这样可以减少投资。

设计和制造专用自动化机床的前提条件是被加工的产品结构稳定，生产批量大，能充分发挥机床的效率，这样才能取得较好的经济效益。

## 三、自动化加工设备的生产率分析与分类

### （一）生产率分析

当自动化加工设备连续生产时，加工一个工件的工作循环时间 $t$，是由切削时间和空程辅助时间组成的，即：

$$t_g = t_q + t_f \tag{5-1}$$

式中：$t_q$——刀具对工件进行切削的时间，包括切入和切出时间；

$t_f$——空程辅助时间，包括机床执行机构的快速空行程时间，以及装料、卸料、定位、夹紧和测量等辅助时间。

因此，由工作循环决定的生产率 $Q$（件 / 分钟）为：

$$Q = 1/t_g = 1/(t_q + t_f) \tag{5-2}$$

显然，为了提高生产率，必须同时减少 $t_g$ 和 $t_f$。

$t_g$ 和 $t_f$ 对机床生产率的影响是相互制约且相互促进的。当生产工艺发展到一定水平，即理想工艺生产率提高到一定程度时，必须提高机床自动化程度，进一步减少空程辅助时间，促使生产率不断提高。另外，在相对落后的工艺基础上实现机床自动化，带来的生产率的提高是有限的；为了取得良好的效果，应当在先进工艺的基础上实现机床自动化。

## (二) 分类

随着科学技术的发展，加工过程自动化的水平不断提高，使得生产率得到了很大的提高，先后开发了适应不同生产率水平要求的自动化加工设备，主要有以下几类。

1. 全 (半) 自动单机

它又分为单轴和多轴全 (半) 自动单机两类。它利用多种形式的全 (半) 自动单机所固有的和特有的性能来完成各种零件和各种工序的加工，是实现加工过程自动化普遍采用的方法。机床的类型和规格根据需要完成的工艺、工序及坯料情况进行选择；此外，还要根据加工品种数、每批产品数量和品种变换的频度等选用控制方式。在半自动机床上有时还可以考虑增设自动上下料装置、刀库和换刀机构，以便实现加工过程的全自动。

2. 一般数控机床

数控机床是用数字代码形式的程序控制机床，是按指定的工作程序、运动速度和轨迹进行自动加工的机床。现代数控机床常采用计算机进行控制 (称为 CNC)，加工工件的源程序可直接输入具有编程功能的计算机内，由计算机自动编程，并控制机床运行。

3. 加工中心

加工中心是更高级形式的数控机床，它除了具有一般数控机床的特点外，还具有一些特有的特点。加工中心具有刀具库及自动换刀机构、回转工作台和交换工作台等，有的加工中心还具有可交换式主轴头或卧 - 立式主轴。

4. 组合机床

组合机床是以通用部件为基础，配以少量按加工工件的特定形状和加工工艺设计的专用部件和夹具而组成的机床。组合机床主要用于箱体、壳体和杂件类零件的平面、各种孔和孔系的加工，并能在一台机床上对工件进行多刀、多轴、多面和多工位的自动加工。

5. 自动线 (Transfer Line, TL)

由工件传输系统和控制系统将一组自动机床和辅助设备按工艺顺序连接起来，可自动完成产品的全部或部分加工过程的生产系统，简称自动线。

例如：由自动车床组成的自动线可用于加工轴类和环类工件，由组合机床组成的自动线可用于加工发动机缸体和缸盖类工件。

6.柔性制造单元

它一般由 1~3 台数控机床和物料传输装置组成。单元内设有刀具库、工件储存站和单元控制系统。机床可自动装卸工件、更换刀具并检测工件的加工精度和刀具的磨损情况；可进行有限工序的连续加工，适于中小批量生产应用。

# 第二节　切削加工设备自动化控制

## 一、切削加工概述

### (一)机械零件表面形成原理

切削加工的总体对象是零件。机器零件的形状虽然很多，但分析起来，主要由下列几种表面组成，即外圆面、内圆面(孔)、平面和成形面。因此，只要能对这几种表面进行加工，就几乎能完成所有机器零件的加工。

零件表面的成形方法常见的有轨迹法、成形法、相切法和展成法四种。

1.轨迹法

轨迹法是利用非成形刀具，在一定的切削运动下，由刀尖轨迹获得零件所需表面的方法，如一般的车削、铣削、镗、钻、刨削等，切削刃与被加工表面为点接触，发生线为接触点的轨迹线。采用轨迹法，形成发生线需要一个成形运动。

2.成形法

成形法是利用成形刀具，在一定的切削运动下，由刀刃形状获得零件所需表面的方法，刀具切削刃的形状和长度与所需形成的发生线(母线)完全重合。曲线形母线由成形刀的切削刃直接形成，直线形的导线则由轨迹法形成。采用成形法形成发生线不需要成形运动。成形法加工的生产率较高，但是刀具的制造和安装误差对被加工表面的形状精度影响较大。

**3. 相切法**

相切法是利用刀具边旋转边做轨迹运动对零件进行加工的方法。采用铣刀、砂轮等旋转刀具加工时，在垂直于刀具旋转轴线的截面内，切削刃可看作点。当切削点绕着刀具轴线做旋转运动，同时刀具轴线沿着发生线的等距线做轨迹运动时，切削点运动轨迹的包络线便是所需的发生线。为了用相切法得到发生线，需要两个成形运动，即刀具的旋转运动和刀具中心按一定规律的轨迹运动。

**4. 展成法**

展成法是利用工件和刀具做展成切削运动进行加工的方法。切削加工时，刀具与零件按确定的运动关系做相对运动（又称展成运动或范成运动），切削刃与被加工表面相切（点接触），切削刃各瞬时位置的包络线便是所需的发生线。用齿条形插齿刀加工圆柱齿轮，刀具沿 A 方向所做的直线运动，形成直线形母线（轨迹法），而零件的旋转运动和直线运动，使刀具能不断地对零件进行切削，其切削刃的一系列瞬时位置的包络线，便是所需要的渐开线形导线。用展成法形成发生线，需要一个成形运动（展成运动）。

### （二）切削运动

要使刀具从工件毛坯上切除多余的金属，使其成为具有一定形状和尺寸的零件，刀具和工件之间必须具有一定的相对运动，这种相对运动称为切削运动。切削运动根据其功用不同，可分为主运动和进给运动。这两个运动的矢量和，称为合成切削运动。所有切削运动的速度及方向都是相对于工件定义的。

**1. 主运动**

主运动使刀具和工件之间产生相对运动，是进行切削的最基本运动。主运动的速度最高，所消耗的功率最大。在切削运动中，主运动只有 个。在车削外圆时，工件的旋转运动是主运动；在铣削、磨削时，刀具或砂轮的旋转是主运动。

**2. 进给运动**

进给运动是不断地把待切金属投入切削过程，从而加工出全部已加工表面的运动。在车削加工中，车刀的纵向或横向移动，即进给运动。进给运动一般速度较低，消耗的功率较少，可以由一个或多个运动组成。它可以是间歇的，也可以是连续的。

3. 合成切削运动

合成切削运动是由主运动和进给运动合成的运动。刀具切削刃上选定点相对工件的瞬时合成运动方向称为合成切削运动方向，其速度称为合成切削速度。

### （三）刀具切削部分的基本定义

金属刀具的种类很多，但它们切削部分的几何形状与参数都有着共性，即不论刀具结构如何复杂，它们的切削部分总是近似地以外圆车刀的切削部分为基本形态。

1. 车刀的组成

车刀由刀柄和刀头组成，刀柄是刀具上的夹持部位，刀头则用于切削。切削部分的结构及其定义如下：

（1）前刀面。它是指刀具上切屑流过的刀面。

（2）后刀面。它是指与工件上过渡表面相对的刀面。

（3）副后刀面。它是指与工件上已加工表面相对的刀面。

（4）主切削刃。它是指前刀面与后刀面的交线。

（5）副切削刃。它是指前刀面与副后刀面的交线。

（6）刀尖。它是指主切削刃与副切削刃的连接部分，它可以是曲线、直线或实际交点。

2. 刀具角度的参考系

为了确定刀具切削部分各表面和切削刃的空间位置，需要建立平面参考系。按构成参考系时所依据的切削运动的差异，参考系分为刀具静止参考系和刀具工作参考系。前者由主运动方向确定，后者由合成切削运动方向确定。

刀具静止参考系是刀具设计时标注、刃磨和测量的基准，用此定义的刀具角度称为刀具角度。

刀具工作参考系是确定刀具切削工作时角度的基准，用此定义的刀具角度称为工作角度。

3.刀具的工作角度

工作角度是刀具在工作时的实际切削角度。由于刀具角度是在进给量为零条件下规定的角度，如果考虑合成切削运动和实际安装情况，则刀具的参考系将发生变化。在刀具工作参考系中所确定的角度称为工作角度。

在一般条件下，工作角度与刀具角度相差无几，两者差别不予考虑，只有在角度变化值较大时才需要计算工作角度。

### (四) 切削加工

切削加工是使用切削工具(包括刀具、磨具和磨料等)，在工具和工件的相对运动中，把工件上多余的材料层切除成为切屑，使工件获得规定的几何形状、精度和表面质量的加工方法。切除材料所需的能量主要是机械能或机械能与声、光、电、磁等其他形式能量的复合能量。切削加工历史悠久，应用范围广，是机械制造中最主要的加工方法，也是实现机械加工过程自动化的基础。

切削加工有许多种分类方法，最常用的是按切削方法分类：车削、钻削、镗削、铣削、刨削、插削、锯削、拉削、磨削、精整和光整加工等。相对应的就有各种切削加工设备。本书受篇幅所限，只简要介绍几种常见的切削加工自动化方法。

切削加工生产率的提高除与工具材料的发展关系较大(切削效率与工具材料的高温硬度和韧性有关)外，与切削加工设备的自动化程度的提高有更大的关系(减少切削加工辅助时间)。切削加工技术随着微电子技术和计算机技术的迅速发展而发展。切削加工设备越来越多地使用数控技术，使得其自动化水平不断提高，正朝着数控技术、柔性制造技术方向发展。切削加工自动化的根本目的是提高零件的切削加工精度、切削加工效率，节材、节能并降低零件的加工成本，因为这些都是切削加工领域的永恒主题。

## 二、车削加工自动化

车削加工是通过车刀与随主轴一起旋转的工件做相对运动来完成金属切削工作的一种加工形式。车削加工设备称为车床，是所有机械加工设备中使用最早、应用最广和数量最多的设备。车削加工自动化包括多个单元动作的自动化和工作循环的自动化，其发展方向主要是数控车床、车削中心和车削柔性单元等。

### (一) 单轴机械式自动车床

单轴机械式自动车床能按一定程序自动完成工作循环，主要用于棒料、盘料的加工。它一般采用凸轮和挡块自动控制刀架、主轴箱的运动和其他辅助运动。其主要类型有单轴纵切自动车床、主轴箱固定型单轴自动车床、单轴转塔自动车床和单轴横切自动车床等。

### (二) 数控车床

数控车床是 20 世纪 50 年代出现的，它集中了卧式车床、转塔车床、多刀车床、仿形车床及自动和半自动车床的主要功能，主要用于回转体零件的加工，它是数控机床中产量最大、用途最广的一个品种。与其他车床相比，数控车床具有精度高、效率高、柔性大、可靠性好和工艺能力强等优点，并且能按模块化原则设计制造。

1. 主要特点

数控车床的主要特点如下：

(1) 主轴转速和进给速度高。

(2) 加工精度高。当数控系统具有前馈控制时，可使伺服驱动系统的跟踪滞后误差减小，拐角加工和弧面切削时加工精度得到改善和提高。由于具有各种补偿控制，并采用了高分辨率的位置编码器，故位置精度得到了提高。采用直线滚动导轨副，摩擦阻力小，可避免低速爬行，保证了高速定位精度。

(3) 能实现多种工序复合的全部加工。当机床具有第 2 主轴 (辅助主轴或尾座主轴均属于第 2 主轴) 时，能完成工件背端加工，在一台机床上实现全部工序的加工。

(4) 具有高柔性。第 2 主轴能自动传递工件，具有刀尖位置快速检测 (Quick Setter)、快换卡爪、转塔刀架刀具快换以及刀具和工件监控等装置。

2. 主要组成部分

数控车床的类型主要有通用型、卡盘型、排刀型、双主轴型、棒料型以及一些专门化车床等。现对其主要组成部分的自动化简单介绍。

（1）传动系统。传动系统的作用是把来自数控装置的指令信息，经功率放大、整形处理后，转换成机床执行部件的直线位移或角位移。传动系统包括驱动装置和执行机构两大部分。驱动装置由主轴驱动单元、进给驱动单元和主轴伺服电动机、进给伺服电动机组成。步进电动机、直流伺服电动机和交流伺服电动机是常用的驱动装置。

（2）刀架系统。数控车床常用转塔刀架和排刀架，各种刀架均可按需要配备动力刀座，有的还可采用带刀库的自动换刀装置。2轴控制的数控车床，在一个滑板上通常只有一个转塔刀架，可实现X、Z轴联动控制；也有的在同一滑板上安装两个刀架，把钻孔和外圆的加工分开，但不能同时切削。4轴控制的两个转塔刀架分别装在两个滑板上，独立控制各刀架的2轴运动，可同时切削工件的不同部位。

为保证重复定位精度，转塔刀架常采用端齿盘定位，其齿形有弧形和直形两种。转塔刀盘常用液压缸夹紧，刀盘分度常用液压马达或伺服电动机，经过齿轮直接传动，以缩短转位时间。

（3）测量装置。测量装置将数控车床各坐标轴的实际位移值检测出来并经反馈系统输入机床的数控装置中，数控装置对反馈回来的实际位移值与指令值进行比较，并向传动系统输出达到设定值所需的位移量指令。触发式测头具有三维测量功能，其工作原理相当于一个重复定位精度很高的触头开关。当测头接触被测量目标时，发出触发信号，数控系统接到信号后就中断测量运动。其用途是加工后在机内工作循环中对工件进行在线测量，补偿刀具磨损和机床温度变化引起的误差。加工前测量工件参考点（面），确定零位坐标值；换刀时进行对刀检查，并按实际刀尖位置的偏差补偿，对刀具状态进行监控，实现及时报警、更换。

## （三）车削中心

车削中心是一种以车削加工为主，添加铣削动力刀座、动力刀盘或机械手，可进行铣削加工的车 - 铣合一的切削加工机床。车削中心与数控卧式车床的区别在于：车削中心的转塔刀架上带有能使刀具旋转的动力刀座，主轴具有按轮廓成形要求做连续回转（不等速回转）运动和进行连续精确分度的 C 轴功能，并能与 X 轴或 Z 轴联动。控制轴除 X、Z、C 轴之外，还可包括 Y 轴。X、Y、Z 轴交叉构成三维空间，使各方位的孔和面均能加工。

车削中心的常用类型有卧式车削中心和立式车削中心。卧式车削中心包括线性轴 X、Y、Z 及旋转轴 C，C 轴绕主轴旋转。此类机床除具备一般的车削功能外，还具备在零件的端面和外圆面上进行钻、铣加工的功能。立式车削中心可以对卧式车削中心不便加工的异形巨大零部件进行高效率的加工。

车削中心除具有数控车床的特点外，还可以在此基础上发展出车 - 磨中心、车 - 铣中心等多工序复合加工机床，有的还可以完成数控激光加工。当车削中心的主轴具有 C 轴功能时，主轴便能够进行分度、定向，配合转塔刀架的动力刀座，几乎所有的加工都可在一次装夹中完成。

（1）主轴定向机构和 C 轴。当在工件规定的部位上铣槽、钻孔或要求主轴定向停止后便于装卸、检测工件时，车削中心必须具有主轴定向停止或 C 轴功能，即通过位置控制使主轴在不同的角度上定位。主轴粗分度由主轴电动机分度转动完成，位置编码器装在与主轴相关的位置，最终定位依靠主轴后端的齿式分度盘和插销来完成，定位精度可达 $\pm 0.1°$，分度增量角一般为 $12°$、$15°$ 等。若需要专门的角度，可以更换齿盘装置（主轴分度盘）。C 轴分度定位后，还要有夹紧机构，以防止主轴转位。

C 轴能控制主轴连续分度，同时可与刀架的 X 轴或 2 轴联动来铣削各种曲线槽、车削螺纹、车削多边形等，还可定向停车。

主轴位置检测系统中包含具有较高分辨率的编码器，主轴此时作为进给轴的分辨率为 $0.001°$，在 $0.01 \sim 20 r/min$ 的低速条件下工作，一般 C 轴精度可达 $\pm 0.01°$。当用 AC 主轴电动机或内装式主轴电动机直接驱动主轴时，无需 C 轴降速装置及附加机械定位机构，因为主轴电动机本身具有 C 轴控制功能，只需设置位置编码器或电磁传感器即可，C 轴运动由数控系统和主轴电动机完成。

当机床主轴箱装有变速齿轮机构时，在 C 轴动作前，主轴运动须与主电动机传动链脱开，变速齿轮位于空档，利用专用伺服电动机使主轴分度或定向。在需要 C 轴功能时，液压油经左进油口推动定位柱销右移，使 C 轴箱体绕支轴沿逆时针方向回转，蜗杆与主轴上的蜗轮啮合，C 轴伺服电动机运转，经同步带带动蜗杆副运动，主轴具有 C 轴功能。当 C 轴工作完毕时，C 轴伺服电动机停转，进、出口油液反向，柱销向左退回，C 轴箱体因偏重而绕支轴沿顺时针方向回转，使蜗杆、蜗轮脱离啮合，主轴恢复原主轴恢复传动。

（2）多主轴、双主轴和辅助主轴。为了实现在一台机床上完成对车削工件的"全部加工"，可采用带辅助主轴（第 2 主轴）的车削中心以及双主轴、双辅助主轴的车削中心。多主轴的车削中心能在一台机床上完成更多的加工工序，既缩短了加工周期，又提高了工件精度。多主轴车削中心的各主要主轴的驱动功率和尺寸均相同，可分别称第 1 主轴、第 2 主轴、第 3 主轴……多主轴可分别加工一种工件的全部工序或分别加工多个工件。

## 二、钻、铣削加工自动化

### （一）钻削自动化

1. 钻削工艺

用钻头或铰刀、锪钻在工件上加工孔的加工方法统称为钻削加工。它可以在台式钻床、立式钻床、摇臂钻床上进行，也可以在车床、铣床、铣镗床等机床上进行。在钻床上加工时，工件不动，刀具做旋转主运动，同时沿轴向移动做进给运动。

（1）钻孔。用钻头在实体材料上加工孔的方法称为钻孔。钻孔通常属于粗加工，其尺寸公差等级为 IT11～IT13，表面粗糙度值 $Ra=12.5～50\,\mu m$。

钻孔最常用的刀具是麻花钻。由于麻花钻的结构和钻削条件存在"三差一大"（即刚度差、导向性差、切削条件差和轴向力大）的问题，再加上钻头的横刃较长，而且两条主切削刃手工刃磨难以准确对称，致使钻孔具有钻头易引偏、孔径易扩大和孔壁质量差等工艺问题。因此，钻孔通常作为实体工件上精度要求较高的孔的预加工，也可以作为实体工件上精度要求不高的孔的终加工。

（2）扩孔。扩孔是用扩孔刀具对工件上已经钻出、铸出或锻出的孔做进一步加工的方法。扩孔所用机床与钻孔相同，钻床扩孔可用扩孔钻，也可用直径较大的麻花钻。扩孔钻的直径规格为 10～100mm，直径小于 15mm 的一般不扩孔。扩孔的加工精度比钻孔高，属于半精加工，其尺寸公差等级为IT9～IT10，表面粗糙度值 $Ra$=3.2～6.3 $\mu$m。

(3) 铰孔。用铰刀在工件孔壁上切除微量金属层，以提高尺寸精度和减小表面粗糙度值的方法称为铰孔。铰孔所用机床与钻孔相同。铰孔可加工圆柱孔和圆锥孔，既可以在机床上进行 (机铰)，也可以手工进行 (手铰)。铰孔余量一般为 0.05～0.25mm。

铰孔是在半精加工 (扩孔或半精镗) 基础上进行的一种精加工。它又可分为粗铰和精铰。粗铰的尺寸公差等级为 IT7～IT8，表面粗糙度值 $Ra$=0.8～1.6$\mu$m；精铰的尺寸公差等级为 IT6～IT7，表面粗糙度值 $Ra$=0.4～0.8$\mu$m。

铰孔的精度和表面粗糙度值主要取决于铰刀的精度、安装方式以及加工余量、切削用量和切削液等条件。因此，铰孔时，应采用较低的切削速度，精铰 ≤ 0.083m/s (即 5m/min)，避免产生振动、积屑瘤和过多的切削热；宜选用较大的进给量，要施加合适的切削液；机铰时铰刀与机床最好用浮动连接方式，以避免因铰刀轴线与被铰孔轴线偏移而使铰出的孔不圆，或使孔径扩大；铰孔之前最好用同类材料试铰一下，以确保铰孔质量。

(4) 孔和锪凸台。用锪钻 (或代用刀具) 加工平底和锥面沉孔的方法称为锪孔、加工孔端凸台的方法称为锪凸台。锪孔一般在钻床上进行，它虽不如钻、扩、铰应用那么广泛，但也是一种不可缺少的加工方法。

2. 钻削刀具

(1) 麻花钻。麻花钻是钻孔的主要刀具，它可在实心材料上钻孔，也可用来扩孔。

标准的麻花钻由柄部、颈部及工作部分组成。工作部分又分为切削部分和导向部分。为增强钻头的刚度，工作部分的钻心直径朝柄部方向递增；刀柄是钻头的夹持部分，有直柄和锥柄两种，前者用于小直径钻头，后者用于大直径钻头；颈部用于磨锥柄时砂轮退刀。麻花钻有两个前面、两个主后面、两个副后面、两条主切削刃、两条副切削刃和一条横刃。

(2) 铰刀。铰刀分为圆柱铰刀和锥度铰刀，两者又有机用铰刀和手动铰刀之分。圆柱铰刀多为锥柄，其工作部分较短，直径规格为 10～100mm，其中常用的为 10～40mm；圆柱手动铰刀为柱柄，直径规格为 1～40mm。锥度铰刀常见的有 1 ∶ 50 锥度铰刀和莫氏锥度铰刀两种。

铰刀也属于定径刀具，适宜加工中批或大批、大量生产中不宜拉削的孔，适宜加工单件、小批量生产中的小孔、细长孔和定位销孔。

（3）深孔钻。深孔加工时，由于孔的深径比较大，钻杆细而长，刚性差，切削时很容易走偏和产生振动，加工精度和表面粗糙度难以保证，加之刀具在近似封闭的状态下工作，因此必须特别注意导向、断屑和排屑、冷却以及润滑等问题。单刃外排屑深孔钻，又称枪钻，它主要用来加工小孔（直径 3 ~ 20mm），孔的深径比可大于 100。其工作原理是：高压切削液从钻杆和切削部分的油孔进入切削区，以冷却、润滑钻头，并把切屑沿钻杆与切削部分的 V 形槽冲出孔外。高效、高质量加工的内排屑深孔钻，又称喷吸钻，它用于加工深径比小于 100，直径为 16 ~ 65mm 的孔；它由钻头、内钻管及外钻管三部分组成；2/3 的切削液以一定的压力经内外钻管之间输至钻头，并通过钻头上的小孔喷向切削区，对钻头进行冷却和润滑；此外 1/3 的切削液通过内管上 6 个月牙形的喷嘴向后喷入内钻管，由于喷速高，在内管中形成低压区而将前端的切屑向后吸，在前推后吸的作用下，排屑顺畅。

3. 钻削自动化

钻削自动化大部分都是在各类普通钻床的基础上，配备点位数控系统来实现的。其定位精度为 ±（0.02 ~ 0.1）mm。数控钻床通常有立式、卧式、专门化以及钻削加工中心几种。

钻削加工中心以钻削为主，可完成钻孔、扩孔、铰孔、锪孔和攻螺纹等加工，还兼有轻载荷铣削、镗削功能。除了工作台的 X、Y 向运动和主轴的 Z 向运动通过步进电动机自动进行外，钻削中心还在此基础上增加了自动换刀装置。由于钻削中心所需刀具的数量较少，因此其自动换刀装置主要有两种类型：一是刀库与主轴之间直接换刀，即刀库和主轴都安装在主轴箱中，刀库中换刀位置的刀具轴线与主轴轴线重合；为避免与加工区干涉，换刀动作全部由刀库的运动，即退离工件、拔刀、选刀和插刀过程来完成。二是转塔头式。刀具的主轴都集中在转塔上，转塔通常有 6 ~ 10 根主轴，由转塔转位实现换刀。也可增设刀库，由刀库与转塔上的主轴之间进行换刀。

带转塔的钻削中心由交流调速电动机驱动，通过两组滑移齿轮扩大变速范围。转塔头由转位电动机驱动蜗杆副、槽轮机构实现转位，转位前由液压缸使定位齿盘脱开，转位后液压缸使定位齿盘定位夹紧，这时滑移齿轮与工作位置上的主轴的齿轮啮合。

### (二) 铣削自动化

1. 铣削加工的应用范围

在铣床上进行铣削加工时，铣刀的旋转是主运动，工件装夹在工作台上做进给运动。铣削加工范围广，主要用于加工平面、台阶面、沟槽、分齿零件 (齿轮、链轮、棘轮、花键轴等)、螺旋形表面 (螺纹、螺旋槽及各种曲面等)、成形面和切断等。铣削加工后，精度可达 IT9 ~ IT7，表面粗糙度值为 $6.3 \sim 1.6\mu\mathrm{m}$。

2. 铣削方式

铣削分周铣和端铣，周铣是利用铣刀圆周上的刀刃进行铣削加工，端铣是利用铣刀端面上的刀刃进行铣削加工。

周铣有顺铣和逆铣两种铣削方式，当铣削力的水平分力与工件的进给方向相同时为顺铣，反之为逆铣。

顺铣时，刀齿的切削厚度从最大逐渐减至零，后刀面与工件无挤压、摩擦现象，加工表面质量较好；工件在法向切削力作用下始终被压向工作台，切削过程较平稳，刀具耐用度较高；铣削力的水平分力与工件的进给方向相同，当工作台进给丝杆与螺母之间有间隙时，该力容易引起工件和工作台一起向前窜动，使进给突然增大，易打刀；若工件表面有硬皮，刀齿切入工件时，加剧了刀具的磨损，因此适合于加工表面无硬皮的工件。

逆铣时，工件在法向切削力作用下有被抬起的趋势，易引起振动，因此需要较大的夹紧力；切削厚度从零逐渐增大，切削力也逐渐增大，避免了刀齿因冲击而破损，但切削刃也经历了一段在切削硬化的已加工表面上挤压滑行的阶段，从而加剧了刀具的磨损，影响工件表面质量。

铣又分为对称铣和不对称铣。铣削时，铣刀位于工件加工表面的对称线上，切削层厚度均匀，称为对称铣。对称铣时刀具寿命高，常用于淬硬钢的铣削，可以获得较高的表面质量。

铣削时，铣刀轴线与工件铣削宽度对称中心线不重合的铣削方式称为不对称铣。当铣刀以最大切削厚度切入工件、以最小切削厚度切出工件时，称为不对称逆铣，此时金属黏刀量小，适合铣削冷硬性材料、不锈钢、耐热合金等。当铣刀以最小切削厚度切入工件、以最大切削厚度切出工件时，称为不对称顺铣，此时冲击力小，切削平稳，刀具耐用度提高，适于铣削碳钢、铸铁等。

3. 铣削自动化

铣床几乎应用于所有的机械制造及修理部门，一般用于粗加工及半精加工，有时也用于精加工。除能加工平面、沟槽、轮齿、螺纹和花键轴等外，还可加工比较复杂的型面。数控铣床、仿形铣床的出现，提高了铣床的加工精度和自动化程度，使复杂型面的加工自动化成为可能。特别是数控技术的应用扩大了铣床的加工范围，提高了铣床的自动化程度。数控铣床配备自动换刀装置，则发展成以铣削为主，兼有钻、镗、铣、攻螺纹等多种功能、多工序集中于一台机床上，自动完成加工过程的加工中心。

## 三、加工中心

加工中心是备有刀库并能自动更换刀具对工件进行多工序集中加工的数控机床。工件经一次装夹后，数控系统能控制机床按不同工序（或工步）自动选择和更换刀具，自动改变机床主轴转速、进给量和刀具相对工件的运动轨迹并实现其他辅助功能，依次完成工件多种工序的加工。通常，加工中心仅指主要完成镗、铣加工的加工中心。这种自动完成多工序集中加工的方法，已扩展到了各种类型的数控机床，如车削中心、滚齿中心和磨削中心等。由于加工工艺复合化和工序集中化，为适应多品种小批量生产的需要，还出现了能实现切削、磨削以及特种加工的复合加工中心。加工中心具有刀具库及自动换刀机构、回转工作台和交换工作台等，有的加工中心还具有可交换式主轴头或卧-立式主轴。加工中心目前已成为一类应用广泛的自动化加工设备。

### （一）加工中心的特点

1. 适用范围广

加工中心主要适用于多品种、中小批量生产中对较复杂、精密零件的多工序集中加工，或完成在通用机床上难以加工的特殊零件（如带有复杂多维曲面的零件）的加工。工件一次装夹后即可完成钻孔、扩孔、铰孔、攻螺纹、铣削和镗削等加工。

### 2. 加工精度高

加工中心的加工精度一般介于卧式铣镗床与坐标镗床之间，精密加工中心也可达到生产型坐标镗床的加工精度。加工中心的加工精度主要与其位置精度有关，加工孔的位置精度（如孔距误差）大约是相关运动坐标定位精度的 1.5 倍。铣圆精度是综合评价加工中心相关数控轴的伺服跟随运动特性和数控系统插补功能的指标，其公差普通级为 0.03～0.04mm，精密级为 0.02mm。加工中心可粗、精加工兼容。为适应这一要求，其精度往往有较多的储备量，并有良好的精度保持性。加工中心实现了自动化加工，可避免如非数控机床加工时因人工操作出现的失误，保证了加工质量稳定、可靠，这对于复杂、昂贵工件的加工尤为重要。加工中心自动完成多工序集中加工，可减少工件安装次数，也有利于保证加工质量。

### 3. 生产率高

加工中心因有自动换刀功能，可实现多工序集中加工，停机时间短；同时，因可减少工序周转时间，工件的生产周期显著缩短。在正常生产条件下，加工中心的开动率可达 90% 以上，而切削时间与开动时间的比值可达 70%～85%（普通机床仅为 15%～30%），有利于实现多机床看管，提高劳动生产率。

### （二）加工中心的典型自动化机构

加工中心除了具有一般数控机床的特点外，还具有其自身的特点。加工中心必须具有刀具库及刀具自动交换机构，其结构形式和布局是多种多样的。刀具库通常位于机床的侧面或顶部。刀具库远离工作主轴的优点是少受切屑液的污染，使操作者在加工时调换库中的刀具时免受伤害。FMC 和 FMS 中的加工中心通常需要大量刀具，除了包括满足不同零件加工的刀具外，还需要后备刀具，以实现在加工过程中实时更换破损刀具和磨损刀具的目的，因而要求刀库的容量较大。换刀机械手有单臂机械手和双臂机械手，其中 180° 布置的双臂机械手应用最普遍。

1. 自动换刀与刀库

加工中心的刀具存取方式有随机方式和顺序方式两种，刀具随机存取是最主要的方式。随机存取就是在任何时候可以取用刀库中任意一把刀，选刀次序是任意的，可以多次选取同一把刀，从主轴卸下的刀允许放在不同于先前所在的刀座上，CNC 可以记录刀具所在的位置。采用顺序存取方式时，刀具严格按数控程序调用刀具的次序排列。程序开始时，刀具按照排列次序一个接着一个取用，用过的刀具仍放回原刀座上，以保持确定的顺序不变。正确地安放刀具是成功地执行数控程序的基本条件。

2. 触发式测头测量系统

它主要用于加工循环中的测量。工序前，通过检测控制工件及夹具的正确位置，以保证精确的工件坐标原点和均匀的加工余量；工序后主要测量加工工件的尺寸，根据其误差做出相应的坐标位置调整，以便进行必要的补充加工，避免出现废品。触发式测头具有三维测量功能。测量时，机械手将触发式测头从刀库中取出装于主轴锥孔中。工作台以一定的速度趋近测头。当测杆端球触及工件被测表面时，发出编码红外线信号，通过装在主轴箱上方的接收器传入数控装置，使测量运动中断，并采集和存储在接触瞬间的X、Y、Z 坐标值，与原存储的公称坐标值进行比较，即得出误差值。当检测某一孔的中心坐标时，可将该孔圆周上测得的 3～4 点坐标值，调用相应程序运算处理，即可得所测孔的中心坐标。该测量系统一般只用于相对比较测量，重复精度 $0.5\mu m$。在经测量值修正后，测量值误差可在 $5\mu m$ 以内，可做全方位精密测量。触发式测头测量系统信号的传输和接收除上述红外辐射式外，常用的还有电磁耦合式。

3. 刀具长度测量系统

它用以检查刀具长度的正确性以及刀具折断、破损现象，检测精确为 $\pm 1mm$。当发现不合格刀具时，测量系统会发出停车信号。在机床正面两侧的地面上装有光源和接收器，如需检测主轴上的刀长，可令立柱向前移动，接收器向数控系统发出信号，在经数据处理后即可得出刀具长度的实测值。再与规定的刀具设定长度比较，如超过公差要求，可发出令机床停车的信号。此外，也可用触发式测头检测刀具长度的变化。

### 4.回转工作台

回转工作台是卧式加工中心实现 B 轴运动的部件，B 轴的运动可作为分度运动或进给运动。回转工作台有两种结构形式。仅用于分度的回转工作台用鼠齿盘定位，分度前工作台抬起，使上、下鼠齿盘分离，分度后落下定位，上、下鼠齿盘啮合，实现机械刚性连接。用于进给运动的回转工作台用伺服电动机驱动，用回转式感应同步器检测及定位，并控制回转速度，也称为数控工作台。数控工作台和 X、Y、Z 轴及其他附加运动构成 4~5 轴轮廓控制，可加工复杂的轮廓表面。此外，加工中心的交换工作台和托盘交换装置配合使用，实现了工件的自动更换，从而缩短了消耗在更换工件上的辅助时间。

## 四、组合机床

### (一) 组合机床概述

组合机床是一种按工件加工要求和加工过程设计和制造的专用机床。其组成部件分为两大类：一类是按一定的特定功能，根据标准化、系列化和通用化原则设计而成的通用部件，如动力头、滑台、侧底座、立柱和回转工作台等；另一类是针对工件和加工工艺专门设计的专用部件，主要有夹具、多轴箱、部分刀具及其他专用部件。专用部件约占机床组成部件总数的 1/4，但其制造成本却占机床制造成本的 1/2。组合机床具有工序集中、生产率高、自动化程度较高且造价相对较低等优点，但也有专用性强、改装不十分方便等缺点。

在组合机床上采用数控部件或数字控制，使机床能比较方便地加工几种工件或完成多种工序，由专用机床变为有一定柔性的高效加工机床，是一种必然的发展趋势。利用数控通用部件组成的加工大型零件的专门化设备，在一定情况下比采用通用重型机床加工更经济。一些加工中小型零件的翻新重制的回转工作台式多工位组合机床能保证质量，而价格仅为全新机床的 50%~75%，是组合机床报废后重新利用的重要途径。组合机床按其配置形式分为单工位和多工位两类。对于成批生产用的组合机床，又有可调式、工件多次安装与多工位加工相结合式、转塔式和自动换刀式及自动换（主轴）

箱式等几种。若按完成指定工序分，又有钻削及钻深孔、镗削、铣削、车削、攻螺纹、拉削和采用特殊刀具及特殊动力头等几种组合机床。

组合机床的自动化主要是通过应用数控技术来实现的，一般有两种情况：一种是工艺的需要，如镗削形状复杂的孔、深度公差要求高的端面、中心位置要求高的孔和大直径凸台（利用轮廓控制和插补加工圆形）等；另一种是在多工序加工或多品种加工时，为了加速转换和调整而采用数控技术，如对行程长度、进给速度、工作循环甚至主轴转速等利用数控技术编制程序或代码实现快速转换，通常用于转塔动力头、换箱模块或多品种加工可调式组合机床。数控组合机床通常由数控单坐标、双坐标或三坐标滑台或模块、数控回转工作台等数控部件和普通通用部件相结合组成，具有高生产率，在某些工序上又有柔性，应用也较多。

### （二）组合机床应用实例

使用八工位伺服垂直旋转组合机床加工零件前，先根据所需加工的零件，安装好对应的夹具头。开启机器，机械手把零件送到夹具头夹紧，电动机带动转轴转动，转轴上的转盘同时转动，转盘转动一个工作位，零件到达第一动力头对应位置，第一动力头工作完成加工。同时，操作窗对应位置夹具上再放入零件，转盘再转动一个工作位，完成第一动力头加工的零件到达第二动力头对应位置，第二动力头工作完成加工。如此依次完成加工，待零件完成加工后回到操作窗，机械手把零件取出，同时放入新的零件，如此循环。

## 五、自动化生产对刀具的特殊要求

### （一）机械加工自动化生产要求

机械加工自动化生产要求刀具除具备普通机床用刀具应有的性能外，还应满足自动化加工所必需的下列要求：

（1）刀具应有高的可靠性和寿命。刀具的可靠性是指刀具在规定的切削条件和时间内，完成额定工作的能力。为了提高刀具的可靠性，必须严格控制刀具材料的质量，严格贯彻刀具制造工艺，特别是热处理和刃磨工序，严格检查刀具质量。自动化生产的刀具寿命是指在保持加工尺寸精度条件下，一次调刀后使用的基本时间。该寿命亦称为尺寸寿命。实践表明，刀具尺寸寿命与刀具磨损量、工艺系统的变形和刀具调整误差等因素有关。为了保证刀具寿命，又在规定时间内完成切削工作，应采用切削性能好、耐磨性高的刀具材料。

（2）采取各种措施，保证可靠地断屑、卷屑和排屑。

（3）能快速地换刀或自动换刀。

（4）能迅速、精确地调整刀具尺寸。

（5）刀具应有很高的切削效率。

（6）应具有可靠的刀具工作状态监控系统。切削加工过程中，刀具的磨损和破损是引起停机的重要因素。因此，对切削过程中刀具状态的实时监控与控制，已成为机械加工自动化生产系统中必不可少的措施。

### （二）数控机床和加工中心用的刀具要求

数控机床和加工中心的切削加工应适应小批量多品种加工，并按预先编好的程序指令自动地进行加工。对数控机床和加工中心用的刀具还有下列要求：

（1）必须从数控加工的特点出发来制定数控刀具的标准化、系列化和通用化结构体系。数控刀具系统应是一种模块式、层次化，可分级更换、组合的体系。

（2）对于刀具及其工具系统的信息，应建立完整的数据库及其管理系统。

（3）应有完善的刀具组装、预调、编码标识与识别系统。

（4）应建立切削数据库，以便合理地利用机床与刀具。

# 第三节　金属板材成形加工自动化

塑性成形是材料加工的主要方法之一。金属塑性加工是利用金属材料具有延展性，即塑性变形的能力，使其在由设备给出的外力作用下于模具里制造出成形产品的一种材料加工方法。塑性成形技术具有高产、优质和低耗等显著特点，塑性成形在工业生产中得到了广泛的应用，已成为当今先进制造技术的重要发展方向。金属板材成形加工主要是利用塑性成形技术来获得所需的零件。金属板材成形技术正向数字化、自动化、专业化、规模化和信息化的方向发展。在机械制造中，金属板材加工的主要方法有冲压和锻压两大类。下面将着重介绍冲压加工自动化技术。

## 一、冲压加工简介

冲压是一种金属塑性加工方法，其坯料主要是板材、带材、管材及其他型材，利用冲压设备通过模具的作用，使坯料获得所需要的零件形状和尺寸。冲压件的重量轻、厚度薄、刚性好、质量稳定。冲压在汽车、机械、家用电器、电机、仪表、航空航天和兵器等制造业中具有十分重要的地位。冲压设备主要有机械压力机和液压机。它们的自动化水平直接影响冲压工艺的稳定实施，对保证产品质量、提高生产效率并确保操作者人身安全具有十分重要的作用。

冲压工艺大致可分为分离工序和成形工序两大类。分离工序是在冲压过程中使冲压件与坯料沿一定的轮廓线相互分离，同时冲压件分离断面的质量要满足一定的要求。分离工序又包含切断、落料、冲孔、切口、切边和剖切等几种类型。成形工序是使冲压坯料在不被破坏的条件下发生塑性变形，并转化成所要求的成品形状，同时应满足尺寸公差等方面的要求。成形工序又分为弯曲、拉深和成形等几种类型。

## 二、冲压自动化实现的一般原则

由于冲压技术的发展以及冲压件结构日趋复杂，尤其是高速、精密冲压设备和多工位冲压设备的较多应用，对冲压自动化提出了更高的要求。随着电子技术、计算机技术以及控制技术的发展，近代出现的计算机数字控制的冲压机械手、机器人、各种自动冲压设备、冲压自动线以及柔性生产线，反映了冲压自动化的发展水平。

实现冲压自动化可以根据产品结构、生产条件和加工方式等情况采取不同的方式，一般有在通用压力机上使用自动冲模、通用自动冲压压力机、专用自动冲压压力机以及冲压自动线等几种。选择时应考虑下列因素：

（1）安全生产。必须确保操作者的人身安全。对于冲压加工操作来说，送料是危及人身安全的最大隐患，因此自动送料是冲压加工自动化的最基本方式。

（2）冲压件批量。批量较小时应重点考虑通用性，使之适应多品种生产；批量较大时，应考虑选择自动化程度高的方式。

（3）冲压件结构。一般情况下，冲压件的结构形式决定了冲压自动化的方式。例如：较小而不太复杂的成形或冲裁件多采用连续模自动冲压；较大的多道拉深件，则要考虑多工位自动冲压。为便于自动化，有时在不影响冲压件使用性能的前提下，需要对工件设计做适当修改。

（4）冲压工艺方案。对于中小型冲压件，即使批量很大，一般也不采用生产线方式，而尽可能在一台自动压力机上用一套冲模或连续模完成全部工序。如果还有后道工序（表面处理、装配等），也应考虑与之结合成线。为此，有时连续模并不把工件从卷料上切下来，而是在后道非冲压工序完成后，再与卷料分离，以实现自动化。

（5）材料规格。卷料、条料和板料以及厚料和薄料的自动化装置大多互不相同。

（6）压力机形式。在普通压力机上可安装通用自动送料装置来实现自动化，也可用自动冲模。如果压力机滑块和台面的尺寸较大，也可改装成多工位自动压力机。多工位自动压力机一般用卷料作为坯料，也可用冲出的平坯或成形工序件自动送进进行生产。另外，大型压力机可采用活动工作台，中型压力机可设置快换模具台板，并采用模具快速夹紧装置，使换模时间明显缩短，有利于批量较小的冲压件实现自动化生产。

冲压件品种单一时，用自动冲模实现冲压自动化较为适宜；品种较多时，在通用自动压力机上用普通冲模进行自动化生产比较合理；批量很大时，要考虑以专用自动压力机代替通用压力机；大型冲压件的自动化生产，往往是自动线的形式。

### 三、冲压设备的自动化装置

冲压加工自动化包括供料（件）、送料、出料（件）和废料（工件）处理等自动化环节。需要说明的是冲压设备的自动化装置可以配备在冲模、压力机或生产线上，构成自动或半自动冲模、自动或半自动压力机及自动或半自动生产线。

### (一) 供料装置

供料装置的主要作用是为送料装置做准备工作。不同的原材料 (板料、条料、卷料) 采用的供料装置不尽相同。例如：板料 (条料) 的供料装置通常具有储料、顶料、吸料、提料、移料和释料等功能；卷料通过卷料架来实现供料，带动力的卷料架具有开卷功能。

### (二) 送料装置

送料装置的主要作用是为冲压做原材料的自动送进。常用的送料装置有轮式和夹持式两种。轮式送料装置又有单边轮式和双边轮式两种形式，应用较广泛；夹持式送料装置易实现进给的微调，材料厚度变化及材料表面状况对送料的影响小，材料送进时的张力较大。

### (三) 废料处理装置

废料处理装置的主要作用是对卷料经冲压后的废料进行处理，主要有两种处理方法，即将废料切断或者将卷料重新卷绕。废料切断多数利用设在模具上的切刀进行，压力机每一行程将废料切断一次，即被切断的废料的长度等于一个进给步距。

### (四) 接件装置

接件装置的主要作用是使由冲压模具打出、顶出或推出的工件或工序件处于一定的位置，以便整理或输送，保证操作安全。接件通过接件器在连杆、摇板、滑道和回转等机构与压力机滑块的联动作用下实现。

### (五) 自动保护装置

自动保护装置的主要作用是对冲压加工过程中的原材料、进给和出件等状况进行监视，在原材料使用不符合要求、冲压进给状态异常、出件不正常排出等情况下发出信号，使压力机迅速停机。自动保护装置一般通过有触点式和无触点式两种传感方式进行工作，前者主要通过机械方式使电触头动作，后者通过电磁感应、光电或 $\beta$ 射线等取得信号。

## 四、自动冲模

具有自动进给、自动出件等功能的冲模称为自动冲模，一般在普通压力机上使用。按照进给对象的不同，自动冲模可分为原材料自动进给和工序件（包括落料平片）自动进给两类。前者按进给机构的形式又可分为混式、夹持式和其他形式，其模具的自动进给部分与冲压部分基本上是分开的；后者大都采用推板或回转盘形式，其自动进给部分与冲压部分难以分开。

## 五、先进冲压自动化技术

为适应汽车工业、航空航天工业的发展需求，大型冲压设备的应用越来越普遍，主要有两大发展趋势：一是侧重于柔性生产的高性能压力机生产线配以自动化上、下料机械手；二是采用大型多工位压力机。其中，前者具有使用资金少、通用性好、适用于多车型小批量生产的特点，满足了生产中高档轿车需要的高质量冲压件的要求。

### （一）机电一体化全自动压力机技术

自动化冲压技术是近年来在国内外兴起的一种新技术，满足产品迅速换型及一机多用的需要。自动化冲压技术是机械与电子技术的完美结合，其关键技术体现在压力机的全自动换模系统，即在触摸屏上设置好模具号，则模具更换的全过程由压力机自动完成，整个换模过程所需时间在 5min 以内。

全自动换模系统包括以下部分：

（1）气压自动调整系统。它采用压力传感器检测、电磁阀控制、PLC 编程控制等，实现平衡器和气垫气压的自动调整。

（2）装模高度、气垫行程自动调整系统。它通过编码器检测位移量、触摸屏设定参数、PLC 编程等手段，实现自动定位，调整精度达 0.1mm，完全满足自动换模工艺要求。

（3）模具自动夹紧、放松系统。它采用可移动式模具夹紧器，通过夹紧器个数和安装位置的不同，彻底解决了不同规格模具无法在同一台压力机上工作的难题。

（4）高速移动工作台自动开进、开出系统。它采用变频调速器驱动，使移动工作台运行曲线的柔性化满足定位精度高、移动速度快的要求，速度达到 15m/min，定位精度达 0.1mm。安全栅采用电动机驱动，并与移动工作台开动联锁，实现了移动工作台的自动开进和开出。

自动化压力机技术还包括重载负荷液压润滑技术、功能完善的触摸屏技术以及高行程次数、高精度控制技术等。

### (二) 单机联线自动化冲压生产线

单机联线自动化冲压生产线是近年来国内外竞相发展的汽车覆盖件自动化冲压生产工艺技术之一，其发展势头强劲。与大型多工位压力机相比，单机联线自动化冲压生产线的通用性好、使用资金少，完全可以满足生产中高档轿车所需要的高质量零件的要求，更加适应我国目前汽车工业的规模和生产批量的状况。单机联线自动化冲压生产线一般配置 5～6 台压力机，配有拆垛、上下料机械手、穿梭翻转装置和码垛装置等，全线总长约 60m，安全性好，生产的冲压件质量高。由于工件传送距离长，故工件的上下料、换向和双动拉深必须使用工件翻转装置完成。这种单机联线自动化冲压技术的生产节拍最高为 6～9 次／分钟，而且设备维修的工作量大。

### (三) 大型多工位压力机

一台多工位压力机相当于一条自动化冲压生产线，能实现高速自动化生产，代表了当今压力机技术的最高水平，是目前世界大型覆盖件冲压技术的最高发展阶段。多工位压力机一般由拆垛机、大型压力机、三坐标工件传送系统和码垛工位等组成，其主要特点是生产效率高、制件质量高，满足了汽车工业的大批量生产对冲压设备的需求。其生产节拍可达 16～25 次／分钟，是手工送料流水线的 4～5 倍，是单机联线自动化生产线的 2～3 倍。多工位压力机为全自动化、智能化，整个系统只需 2～3 人监控，实现了全自动化换模，整个换模时间小于 5min。多工位压力机不仅能冲压大型覆盖件，还能冲压小型零件，即柔性很强。多工位压力机多采用电子伺服三坐标送料，生产率高，工件处理达到最优化，工件转换迅速，维修率低，诊断性能好，成本低，与现有压力机的适应性强，售后服务远程通信好。以一台多工位压力机系统代替一条由 5～6 台压力机组成的冲压线，与同规模冲压生产量比较，设备投资可减少20%～40%，能量消耗减少50%～70%，冲压件综合成本可节约40%～50%。

## 第四节　机械设备加工自动化控制

### 一、概述

机械加工自动线（简称自动线）是一组用运输机构联系起来的由多台自动机床（或工位）、工件存放装置以及统一自动控制装置等组成的自动加工机器系统。在自动线的工作过程中，工件以一定的生产节拍，按照工艺顺序自动经过各个工位，不需要工人直接参与操作，自动完成预定的加工内容。

自动线能减轻工人的劳动强度，并大大提高劳动生产率，减小设备占地面积，缩短生产周期，缩减辅助运输工具，减少非生产性的工作量，建立严格的工作节奏，保证产品质量，加速流动资金的周转并降低产品成本。自动线的加工对象通常是固定不变的，或在较小的范围内变化，在改变加工品种时需要花费许多时间进行人工调整，而且初始投资较多。因此，自动线只适用于大批量的生产场合。

进入20世纪90年代，加工自动线已达到大规模、短节拍、高生产率和高可靠性及综合化的水平。例如：一条加工中等尺寸复杂箱体的自动线可以包括几十台机床和设备，分工段与工区连续运转，节拍时间为15～30s；一条加工气缸盖的自动线可期望年产量达100万件；一条加工轴承环的自动线年产量可达500万件。采用班间计划换刀，可使组合机床自动线长年三班制进行生产。除工件自动输送和自动变换姿势外，还可以实现线间的自动转装。除切削加工外，还可以进行滚压等无屑加工及其他精加工工序，以及中间装配、尺寸测量、高频淬硬、激光淬硬、铆接、质量及性能检测等工序，从而完成一个零件从毛坯上线到总装前的全部综合加工。并可实现将几种同类零件混合在一条自动线上进行加工。

除了线上的机床和其他主要设备及刀具外，控制系统、监测系统和诊断系统及辅助设备对保障自动线可靠和稳定地运转也十分重要。有的辅助设备比较复杂、体积庞大，在自动线的投资中占到相当的比例，在规划和设计自动线时应给予必要的重视。由于监视、识别及快速响应能力的提高，对易于监视和识别磨损的不回转刀具，如车刀，已可根据监视和识别结果达到非更换不可时才发出信号进行换刀，而不必采用按计划换刀，避免了尚可使用刀具的浪费。对于回转刀具，特别是像组合机床及其自动线那样有多种、大量回转刀具时，除丝锥的声发射监视用得比较成功外，其他刀具主要还是采用按计划换刀，这样比较经济实用。

切削加工自动线通常由工艺设备、工件输送系统、控制和监视系统、检测系统和辅助系统等组成，各个系统中又包括各类设备和装置。由于工件类型、工艺过程和生产率等的不同，自动线的结构和布局差异很大，但其基本组成部分都是大致相同的。切削加工自动线可以按多种方法分类，见表5-1所示。本章主要是按工艺设备类型进行分类。

表5-1 切削加工自动线的类型、特点和应用

| 分类方法 | 类型 | 特点 | 应用 |
|---|---|---|---|
| 按工艺设备类型分类 | 通用机床自动线 | 由自动化通用机床或经改装的通用机床连成的自动线。建线周期短，收效快 | 通常用于加工比较简单的零件，特别是盘、轴、套、齿轮类零件的大量或批量生产 |
| | 组合机床自动线 | 由组合机床组成的自动线，生产率高，造价相对较低、专用性强，只能适应单一或几种同类型工件的生产 | 主要适用于箱体类零件、畸形零件的大量生产，有时用于批量生产 |
| | 专用机床自动线 | 由专门设计制造的自动化机床组成或连接而成的自动线。生产率高、制造成本高、周期长 | 如专用拉床组成的拉削自动线、加工特殊材料和对加工有特殊要求（如加工石墨块）的自动线 |
| | 转子自动线 | 用转子机床，通过输送转子连成的自动线。生产率高、占地面积小 | 适用于加工工序简单的小零件，在切削加工中应用很少，可用于小零件的车、钻、铣和攻螺纹等工序。多用于冲压、挤压、压延等加工，如军工中的子弹及轻工中的小五金等行业（如自来水笔挂钩的卷边、压弯） |

| 分类方法 | 类型 | 特点 | 应用 |
|---|---|---|---|
| 按工件外形和切削加工过程中工件的运动状态分类 | 回转体工件加工自动线 | 主要由自动化通用机床或经自动化改装的普通机床(如车床、内外圆磨床、铣端面钻中心孔机床、花键加工机床、齿轮加工机床)及专用机床连成或专门规划设计制造组成 | 主要用于在切削加工过程中工件回转面的加工,如轴、盘、套、齿轮和环类零件的加工 |
| | 箱体、杂件加工自动线 | 主要由组合机床和专用机床组成 | 主要用于加工时工件不转的工件和工序,如箱体及畸形件的钻孔、镗孔、铣削和攻螺纹等 |
| 综合加工自动线 | | 线内装有多种机床和设备,能完成一个工件从坯料到装配前的全部加工工序,可减少工件来回输送的次数及制品数量 | 适用于包括多种形式的加工,如气缸盖综合加工自动线(包括压装阀座及热处理)、轴类件综合加工自动线(包括热处理)、制动蹄片加工自动线(包括加工和铆接非金属摩擦材料层) |

## 二、通用机床自动线

在通用机床自动线上完成的典型工艺主要是各种车削、车螺纹、磨外圆、磨内孔、磨端面、铣端面、钻中心孔、铣花键、拉花键孔、切削齿轮和钻分布孔等。

### (一)对纳入自动线机床的要求

纳入自动线的通用机床比单台独立使用的机床要更为稳定、可靠,包括能较好地断屑和排除切屑,具有较长的刀具寿命,能稳定、可靠地自动进行工作循环,最好有较大流量的切削液系统,以便冲除切屑。对容易引起动作失灵的微动限位开关应采取有效的防护。有些机床在设计时就在布局和结构上考虑了连入自动线的可能性和方便性;有些机床尚需做某些改装,包括增设联锁保护装置及自动上、下料装置。对这些问题在连线前须仔细考虑,必要时应做一些试验工作。

### (二) 通用机床自动线的连线方法

连线时涉及工件的输送方式、机床间的连接和机床的排列形式、自动线的布局及输送系统的布置等多个相互有联系的问题，需加以全面衡量，选定较好的方案。

工件的输送方式有强制输送和自由输送两种。所谓强制输送就是用外力使工件按一定节拍和速度进行输送。例如，轴类以其外圆为支承面，以一个端头沿料道靠另一个件的端头以"料顶料"的方式滑动输送，或用步进式输送带输送。所谓自由输送就是利用工件自重在槽形料道中滚动或滑动实现输送，或放在靠摩擦力带动的连续运动的链板上进行输送，输送至中间料库或排队等待加工。此外，还可利用机械手进行工件的输送，这种方法既可用于强制输送，也可用于自由输送，在输送过程中还可以比较方便地实现工件姿势的变换 (利用手腕的回转)。

通用机床自动线大多数都用于加工回转体工件，工件的输送比较方便，机床和其他辅助设备布置灵活。小型工件的生产率一般要求较高，各工序的节拍时间也不平衡，故多采用柔性连接。机床的料道、料仓都具有储存工件的作用，能比较方便地实现柔性连接。在限制性工序机床的前后或自动线分段处可设置中间储料库，以减少自动线因停车而占用的加工时间，提高自动线的利用率，对各工序的节拍时间可以做到大致相同。而工序较少的短自动线 (如加工长轴类工件的自动线) 可采用刚性连接。刚性连接时控制系统及工件输送系统比较简单、占地面积小，但要求机床有高的工作可靠性。

一般情况下，当单机 (或单道工序) 的工序时间等于或稍小于线的节拍时间时，线上的机床可采用串联方式；当单机 (或单道工序) 的工序时间大于线的节拍时间时，线上的机床就需要采用并联方式来平衡节拍时间。但采用并联方式连线会使工件传送系统复杂化，因此最好避免采用。条件允许时应设法缩短限制性工序的时间或使工序分散，使单机工序时间稍小于线的节拍时间。对一些生产率极高的自动线，在少数工序上采用机床并联也是必要而可行的。齿轮加工自动线由于切齿工序的时间很长而必须采用多台机床并联。

机床的排列可采用纵列 (一列或几列) 和横排 (一排或几排) 的方式。单机串联时机床可纵列或横排，单机的输入料道与输出料道一般为直接连通，上一台机床的输出料道即是下一台机床的输入料道，由线的始端至末端。单机并联时机床也可纵列和横排（传送步距加大），还可排列成多列或多排的形式，传送时应有分流和合流装置。排列形式应根据线内机床的数量、线的布局和对机床做调整的方便性而定。

分料方式有顺序分料和按需分料两种，在有机床并联时应考虑工件的分配方式。顺序分料是将工件依次填满并联各单机和各分段料道或料仓。各单机依次序先后进入工作，这种方式也称为"溢流式"。按需分料是由一个分配装置或料仓同时向并联各单机分配工件。加工轴类工件的并联自动线，由于工件输送系统结构复杂，因此多采用顺序分料法供料；加工盘、环类工件的并联自动线，由于工件输送系统结构简单，故多采用按需分料法供料。

通用机床自动线输送系统的布局比较灵活，除了受工艺和工件输送方式的影响外，还受车间自然条件的制约。若工件输送系统设置在机床之间，则连线机床纵列，输送系统跨过机床，大多数采用装在机床上的附机式机械手，适用于加工外形简单、尺寸短小的工件及环类工件。若工件输送系统设置在机床的上方，则大多数采用架空式机械手输送工件，机床可纵列或横排。机床纵列时也可把输送系统置于机床的一侧，布置灵活。若工件输送系统设置在机床前方，则采用附机式或落地式机械手上、下料，机床横排成一行。有时也将机床面对面沿输送系统的两侧横排成两行。线的布局一般采用比较简单方便的直线形式，采用单列或单排布置。机床数量较多时，采用平行转折的布置方式，多平行支线时则布置成方块形。

### 三、组合机床自动线

组合机床自动线是针对一个零件的全部加工要求和加工工序专门设计制成的由若干台组合机床组成的自动生产线。它与通用机床自动线有许多不同点：每台机床的加工工艺都是指定的，不做改变；工件的输送方式除直接输送外，还可利用随行夹具进行输送；线的规模较大，有的多达几十台机床；有比较完善的自动监视和诊断系统，以提高其开动率等。组合机床自动线主要用于加工箱体类零件和畸形件，其数量占加工自动线工件总加工数的70% 左右。

在使用组合机床自动线加工工件时，对大多数工序复杂的工件常常先加工好定位基准后再上线，以便输送和定位。因此，在线的始端前常采用一台专用的创基准组合机床，用毛坯定位来加工出定位基准。这种机床通常是回转工作台式，设有加工定位基准面（或定位凸台）、钻和铰定位销孔、上下料等三四个工位。有时可通过增加工位同时完成其他工序。其节拍时间与自动线的节拍时间大致相同，也可以通过输送装置直接送到自动线上。例如，为了确保铸造箱体件加工后关键部位的壁厚符合要求，可以采用探测铸件表面所处位置，并自动计算出加工时刀具的偏置量，利用伺服驱动使刀具做偏置来加工定位基准。

### （一）组合机床自动线的分类及工件输送形式

按工件输送方式的不同，组合机床自动线可分为直接输送和间接输送（用随行夹具输送）两类。按输送轨道形式的不同，可分为直线输送和圆（椭圆）形轨道输送两种。按输送带相对机床配置形式的不同，可分为通过（机床）式输送带式和外移式（在机床前方）输送带式。

工件（随行夹具）输送运动的形式有步伐式（同步）和自由流动式（非同步）之分。大多数组合机床自动线采用步伐式输送装置，步伐式输送带可分为棘爪伐式、摆杆步伐式、抬起步伐式、吊起步伐式和回转分度输送式等。

### （二）组合机床自动线的布局

组合机床自动线中的机床数量一般较多，工件在线上有时又需要变换姿势。随行夹具自动线还必须考虑随行夹具的返回问题。所以，其布局与通用机床自动线相比有一定的区别和特点。当带并行支线或并行加工机床时，支线或机床可采用并联的形式，利用分路和合路装置来分配工件；采用并行机床或并行工位时，也可采用串联形式，一次用大步距同时将几个工件送到各个工位上，常用于小型工件，见表5-2所示。

表 5-2　组合机床自动线常用的布局形式

| 布局形式 | 特点 | 应用 |
|---|---|---|
| 直线形 | 机床大多横向纵列，工件输送装置从机床中穿过。机床可排列在输送带的两侧或一侧。自动线按加工工艺分段，段间设有转位装置、翻转装置，可使工件转90°或翻转180°。输送装置可每段用一个，或全线用一个(转位时工件抬离输送带)。机床通常为卧式双面、单面、立式、立-卧复合式等。排屑系统比较简单。自动线长时看管不方便 | 各种大中小零件，应用较多，较普遍 |
| | 采用外移式工件输送带时，可采用三面机床(卧式三面、立-卧复合式三面)，但在输送带与机床之间需要设往复输送装置或移动工作台，输送装置比较复杂。还可以将回转工作台或鼓轮式多工位机床用外移式输送带连成自动线，缩短自动线的长度 | 产量较小的场合。将现有三面机床改装为自动线时，用于精加工必须采用三面机床的情况。由多工位机床组成的自动线，用于加工特别复杂的小零件 |
| 折线形 | 自动线较长或受厂房面积及形状限制时，可采用直角形、二形及弓形等布局。输送带通常从机床中间穿过，机床可排列在输送带的一侧或两侧。转折处可作为转位工位，省去转位装置。但每一线段需用一个工件输送装置。转折线段可用作中间储料库 | 工序复杂。机床数较多时、布置位置受限制时，以及带并行支线时常采用这种布局 |
| 框形 | 机床沿框形的内、外两侧，或只沿其中的几个线段布置。如果用随行夹具，则随行夹具可以沿框形边返回，而不需配备独立的返回输送带。随行夹具也可以从输送带上方返回，或沿机床一侧的上方返回，成为立面或倾斜平面的框形布局。由上方返回时，还可以利用随行夹具的自重滑移返回。这种上方返回方式可节省占地面积 | 一般用于多工段线及一些特殊场合，如加工部位为十字形；常用于随行夹具自动线，其中随行夹具由上方靠自重返回，主要用于工件或随行夹具的质量和外形尺寸不是很大的场合 |
| 圆形、环形或椭圆形 | 与框形相似，但工件输送带比较简单，一般用环形链条驱动，机床通常只布置于环的内侧，使自动线的敞开性好 | 非同步输送自动线常采用这种布局形式。用于加工中小型零件，生产率较高，可达每小时几百件 |

组合机床自动线由于以下两种原因被划分成工段：第一种是工件在线上的姿势不同，被转位装置分隔而分为工段；第二种是由于机床台数及刀具数量多，为减少由故障引起的停车损失，而划分为可以独立工作的工段。机床台数在 10～15 台、刀具数量在 200～250 把时，可考虑成立一个工段，工段之间设有中间储料库，保证各工段可独立地工作。按第一种原因分成的工段，由于机床数量较少，通常只在相隔几个工段后才设立中间储料库。储料库的容量与自动线的生产率有关，也与由换刀而引起的停车时间和由故障而引起的停车时间有关，需要根据统计和积累的数据以及故障发生的概率来进行分析和计算。若无相关资料和数据，则一般可按能供应自动线工作 0.5～1h 来选择储料库容量。

### 四、柔性自动线

为了适应多品种生产，可将原来由专用机床组成的自动线改成数控机床或由数控操作的组合机床组成柔性自动线（Flexible Transfer Line，FTL）。FTL 的工艺基础是成组技术。按照成组加工对象确定工艺过程，选择适宜的数控加工设备和物料储运系统组成 FTL。因此，一般的柔性自动线由以下三部分构成：数控机床、专用机床及组合机床，托板（工件）输送系统，控制系统。

#### （一）FTL 的加工设备

FTL 的加工对象基本是箱体类工件。加工设备主要选用数控组合机床、数控 2 坐标或 3 坐标加工机床、转塔机床、换箱机床及专用机床。换箱机床的形式较多，FTL 中常用换箱机床的箱库容量不大。数控 3 坐标加工机床一般选用 3 坐标加工模块配置自动换刀装置，刀库的容量一般只有 6～12 个刀座。

#### （二）FTL 的工件输送设备

在 FTL 中，工件一般装在托板上输送。对于外形规整，有良好的定位、输送和夹紧条件的工件，也可以直接输送。多采用步伐式输送带同步输送，节拍固定。由伺服电动机驱动的输送带传动装置，由伺服电动机控制同步输送，由大螺距滚珠丝杠实现节拍固定。也有的用轮道及工业机器人实现非同步输送。

### (三) FTL 的控制设备

柔性自动线的效率在很大程度上取决于系统的控制。FTL 的系统控制包括加工、输送设备的控制，中间层次的控制和系统的中央控制。FTL 的中央控制装置一般选用带微处理器的顺序控制器或微型计算机。

# 第六章 电气设备系统控制

## 第一节 电气系统与自动控制

### 一、电气系统与控制

将电能从发电厂引用到用电设备的工程称为电气工程。从系统角度讲，电能由发电厂到用电设备的整个过程又构成一个系统，即电气系统。

整个电气系统可以按电能的使用性能分成发电系统和用电系统。

发电系统主要包括发电、电压等级变换、电能的输送与分配等部分，其功能是电能的产生与调整，为工农业生产和人们生活提供各种规格的电能；用电系统包括生产用电、生活用电、商业用电、科研用电等，通过一定的用电设备将电能转换成机械能、热能、光能等其他形式的能，实现电能为人类服务的目的。

无论是发电还是用电，为了更好地使用电，都需要对电的形式和大小进行调整和控制，使其适合人类千差万别的用电要求。因此，在电气系统中就必须用到各种各样的控制技术，实现对电气系统的控制，简称电气控制。由此，我们可以了解到，电气控制包括发电控制和用电控制。

电能的大小一般体现为电流和电压的大小。用电设备是靠电流运行的，只有形成一定的电流，用电设备才会将电能转换成其他形式的能。而形成电流的两个必要条件就是电压和电路。在一个闭合电路中，只要有了电压，就会有电流形成。无论是发电系统还是用电系统，实际上都是由一个或多个闭合电路构成的，因此电路中的两个物理量——电流和电压就是我们研究和控制的直接对象。

### (一) 发电系统

从电能的性质来讲，人们使用的电能主要有交流和直流两大类。其中，交流电是应用最为广泛的一种电能，由交流发电机产生，有固定式和移动式两种。交流电经发电机产生后，需要对其频率和大小进行调整，使其成为统一标准的交流电，如我国采用频率为50Hz的380V和1000V的标准电压。

交流发电系统包括发电设备和电能输送控制设备。

直流电一般可由交流电通过电子整流装置转换而成，也可以利用干电池、蓄电装置提供。

### （二）用电系统

用电系统主要由用电设备与电能控制装置构成。用电设备一般有电动类、电热类、发光类、化学反应类等，控制装置主要控制电能的通断、通断的间隔变化、电能的大小、电能的形式等多种因素。

电气系统范围较大，涉及内容较多，本书仅通过研究用电系统中的低压系统的控制，来研究电气控制系统及其控制技术。

## 二、控制系统的组成与自动化

在许多工农业生产过程中或生产设备运行中，为了维持正常的工作条件，往往需要对某些物理量（如温度、压力、流量、液位、位移、转速等）进行控制，使其尽量维持在某个数值附近，或使其按一定规律变化。要满足这种需要，就应该对生产机械或设备进行及时的操作和控制，以抵消外界的干扰和影响。这种操作和控制，既可以用人工操作来完成，也可以用自动控制装置来完成。

### （一）人工控制与自动控制

人工控制保持水位恒定的供水系统水池中的水源源不断地经出水管道流出，以供用户使用。随着用水量的增多，水池中的水位必然下降。这时，若要保持水位高度不变，就得开大进水阀门，增加进水量以做补充。在本例中，进水阀门的开启程度（简称开度）并非是一成不变的，而是根据实际水位的高低进行操纵的。上述过程可由人工操作实现。正确的操作步骤如下：

（1）将水位的要求值（期望水位值）牢记在大脑中。

（2）用眼睛或测量工具测量水池的实际水位。

（3）将期望水位与实际水位进行比较、计算，从而得出误差值。

（4）按照误差的大小和正负性质，由大脑指挥手去正确地调节进水阀门。所谓正确调节，是要按减小误差的方向来调节进水阀门的开度。

有人直接参与控制的过程称为人工控制。水池中的水位是被控制的物理量，简称被控量。水池这个设备是控制的对象，简称对象。

人工控制的过程是测量、求误差、控制、再测量、再求误差、再控制这样一种不断循环的过程。其控制目的是要尽量减少误差，使被控量尽可能保持在期望值附近。

如果找到某种装置以完全代替人所完成的全部职能，那么人就可以不直接参与控制，这就成为自动控制了。如简易自动控制系统用浮子代替人的眼睛，作为测量水位高低之用；另用一套杠杆机构代替人的大脑和手，作为计算误差和执行控制之用。杠杆的一端由浮子带动，另一端则连接进水阀门。当用水量增大时，水位开始下降，浮子也随之降低，通过杠杆的作用，进水阀门往上提，开度增大，进水量增加，使水位回至期望值附近。反之，若用水量变小，水位及浮子上升，进水阀门关小，进水量减少，使水位自动下降至期望值附近。整个过程是在无人直接参与的情况下进行的，所以是自动控制过程。其工作步骤可归纳如下：

（1）用连杆的高度标定好水位的期望值。

（2）当水位超过或低于期望值时，其水位误差被浮子检测出来，并通过杠杆作用于进水阀，从而产生控制作用。

（3）按减小误差的方向控制进水阀门的开度。

简易自动控制系统虽然可以实现自动控制，但结构简陋而且存在较大的缺点，主要表现在被控制的水位高度将随着出水量的变化而变化。出水量越多，水位就越低，偏离期望值就越远，即误差越大。也就是说，控制结果总存在着一定范围的误差值。产生这种现象的原因可解释如下：当出水量增加时，为了使水位基本保持恒定不变，就得开大进水阀门，使较多的水流进水池作为补充。要开大进水阀，唯一的途径就是让浮子下降得更多，这意味着控制的结果是水位要偏离期望值而降低了。于是整个系统将在较低的水位建立起新的平衡状态。

为克服上述缺点，可在原系统中增加一些设备而组成较完善的自动控制系统。这里，浮子仍是测量元件，连杆起着比较作用，它将期望水位与实际水位两者进行比较，得出误差，并以运动的形式推动电位器的滑块做上下移动。电位器输出电压的高低和极性充分反映出误差的性质（大小和方向）。电位器输出的微弱电压经放大器放大后用以控制直流伺服电动机，其转轴经减速器降速后拖动进水阀门，实现对系统的控制作用。

### (二) 控制系统的基本组成

从上面对手动控制和自动控制的比较分析，可以发现，从某种意义上讲，二者是极为相似的。自动控制系统只不过是把某些装置有机地组合在一起，以代替人的职能而已。任何一个控制系统，都是由人、控制器和控制对象组成的。

### (三) 典型的自动控制系统

自动控制系统从信号传送的特点或系统的结构形式来看，可以分为开环控制系统和闭环控制系统两大类。

1. 开环控制系统

例如，他励直流电动机转速控制系统就是一个开环控制系统。

它的任务是控制直流电动机以恒定的转速带动负载工作。系统的工作原理是：调节电位器 $R_w$ 的滑块，使其给定某个参考电压 $u_r$。该电压经电压放大和功率放大后成为 $u_r$，再送往电动机的电枢，作为控制电动机转速之用。由于他励直流电动机的转速 $n$ 与电枢电压 $u_r$ 成正比（对同一负载而言），因此当负载转矩 $M_c$ 不变时，只要改变给定电压 $u_r$，便可得到不同的电动机转速 $n$。换言之，$u_r$ 与 $n$ 具有一一对应的函数关系。

开环控制系统的精度，主要取决于 $u_r$ 的精度以及控制器参数的稳定程度，系统没有抵抗外部干扰的能力，故控制精度较低。但由于系统结构简单、造价较低，故在系统结构参数稳定、没有干扰作用或所受干扰较小的场合下，仍会大量使用。

2. 闭环控制系统

开环控制系统精度不高和适应性不强的主要原因是缺少从系统输出到输入的反馈回路。欲提高控制精度，就必须引入反馈环节，将输出量测出来，经物理量的转换后再反馈到输入端，使输出量对控制作用有直接影响。引入反馈回路的目的是实现自动控制，提高控制质量。

通常，把从系统输入量到输出量之间的通道称为前向通道，把从输出量到反馈信号之间的通道称为反馈通道。方框图中用符号"o"表示比较环节，其输出量等于各个输入量的代数和。因此，各个输入量均须用正负号表明其极性。图中清楚地表明：由于采用了反馈回路，使信号的传递路径形成了闭合环路，使输出量反过来形成了影响，产生控制作用。这种通过反馈回路使系统构成闭环，并按偏差的性质产生控制作用，以求减小或消除偏差的控制系统，称为闭环控制系统，或称反馈控制系统。

由于闭环控制系统采用了负反馈回路，故系统对外部或内部干扰（如元部件参数变动）的影响不甚敏感。这样，就可以选用不太精密的元件构成较为精密的控制系统。但是，闭环控制系统也有它的缺点：由于采用反馈装置，导致设备增多，线路复杂。也正由于反馈通道的存在，对于一些惯性较大的系统，若参数配合不当，控制过程就可能变得很差，甚至出现发散或等幅振荡等不稳定的情况，故在闭环控制系统中，稳定性始终是一个突出的问题。

必须指出，对主反馈而言，只有按负反馈原理组成的闭环控制系统才能实现自动控制。若采用正反馈，将使偏差越来越大，不仅无法纠正偏差，反而导致系统无法工作。

### （四）自动控制系统的特征和定义

由于闭环控制系统具有很强的自动纠偏能力，控制精度较高，因而在工程实际中获得广泛的应用。通常所说的自动控制系统就是指闭环控制系统。在工程实际中，按照偏差控制的闭环系统种类繁多，尽管它们所完成的任务不同，具体结构千差万别（如水位控制与转速控制），但是从检出偏差到利用偏差进行控制，从而减小或消除偏差这一过程是相同的。归纳起来，自动控制系统的特征如下：

（1）在结构上，系统必须具有反馈装置，并按负反馈原则组成系统。采用反馈，就可对被控变量不断地进行检测，并将其变换成与输入量相同的物理量，再反馈到输入端，与输入量进行比较。采用负反馈的目的是求得偏差信号。

（2）由偏差产生控制作用。具体而言，系统必须按照偏差的性质（大小、方向）进行正确控制，故系统中必须具有执行纠偏任务的执行机构。控制系统正是靠放大了的偏差信号来推动执行机构，以便对控制对象进行控制的。于是，不管什么原因引起被控变量偏离期望值而出现偏差时，相应的偏差信号便随之出现，系统必然产生相应的控制作用，以便纠正偏差。

（3）控制的目的是力图减小或消除偏差，使被控变量尽量接近期望值。

根据上述自动控制系统的三个特征，可以对自动控制系统下一个较为准确的定义：所谓的自动控制系统，是一个带有反馈装置的动力学系统。系统能自动而连续地检测被控变量，并求出偏差，进而根据偏差的大小和正负极性进行控制，而控制的目的是力图减小或消除所存在的偏差。

### （五）自动控制系统的分类

自动控制系统的种类繁多，应用范围很广泛，它们的结构、性能乃至控制任务也各不相同。因而，自动控制系统的分类方法很多，不同的分类原则会导致不同的分类结果。在此仅介绍几种常见的分类方法。

1. 按输入信号的特征分类

（1）恒值控制系统（又称自动调整系统）。这类系统的特点是输入信号为某个常数，故称为恒值。由于扰动的出现，将使被控变量偏离期望值而出现偏差，恒值系统能根据偏差的性质产生控制作用，使被控变量以一定的精度回复到期望值附近。水位控制系统及转速闭环控制系统均为恒值控制系统。此外，生产过程中广泛应用的温度、压力、流量等参数的控制，多半是采用恒值控制系统来实现的。

（2）程序控制系统。这类系统的输入信号不是常数，而是按照预先知道的时间函数变化。例如，热处理炉温控制系统中的升温、保温、降温过程，都是按照预先设定的规律（程序）进行控制的。又如，机械加工中的程序控制机床、加工中心等均是典型的例子。

（3）随动系统（又称伺服系统）。这类系统的输入信号是预先不知道的、随时间任意变化的函数。控制系统能使被控量以尽可能高的精度跟随给定值变化。随动系统也能克服扰动的影响，但一般来说，扰动的影响是次要的。

许多自动化武器是由随动系统控制的，如鱼雷的飞行、炮瞄雷达的跟踪、火炮的自动瞄准、导弹的制导等。民用工业中的船舶自动舵、数控切割机以及多种自动记录仪表等，均属随动系统之列。

2. 按描述元件的动态方程分类

（1）线性系统。线性系统的特点在于组成系统的全部元件都是线性元件，它们的输入—输出静态特性均为线性特性。这类系统的运动过程可用线性微分方程（或差分方程）来描述。

（2）非线性系统。非线性系统的特点在于系统中含有一个或多个非线性元件。非线性元件的输入—输出静态特性是非线性特性。例如饱和限幅特性、死区特性、继电特性或传动间隙等。凡含有非线性元件的系统均属非线性系统，这种系统的运动过程需用非线性微分方程（或差分方程）来描述。

3. 按信号的传递是否连续分类

（1）连续系统。若系统各环节间的信号均为时间 $t$ 的连续函数，则这类系统称为连续系统。连续系统的运动规律可用微分方程描述。上述水位和电动机转速控制系统均属连续系统。

（2）离散系统。在信号传递过程中，只要有一处的信号是脉冲序列或数字编码，则这种系统就称为离散系统。离散系统的特点是：信号在特定离散时刻 $t_1$, $t_2$, $t_3$, …, $t_n$ 中是时间的函数，而在上述离散时刻之间，信号无意义（不传递）。离散系统的运动规律需用差分方程描述。

随着计算机应用技术的迅猛发展，为数众多的自动控制系统都采用数字计算机作为控制手段。在计算机引入控制系统之后，控制系统就由连续系统变成了离散系统。

4. 按系统的参数是否随时间变化分类

（1）定常系统。如果系统中的参数不随时间变化，则这类系统称为定常系统。实践中遇到的系统，大多数属于这类系统，或可以合理地近似成这类系统。

（2）时变系统。如果系统中的参数是时间 $t$ 的函数，则这类系统称为时变系统。

## 第二节  电气控制系统的控制变量

### 一、控制器的变量

在电气控制系统中，控制器的控制变量是电压和电流，而电路中存在的对电流的阻碍作用是不可避免的，很多时候人们还利用电路的这种阻碍作用（即电阻）来调整电流的大小。因此，在研究电气控制技术之前，需要深刻理解电压、电流和电阻这三个物理量。

### （一）电压

电压是由电源内部力（电磁力或化学力）做功形成的，其功能是推动电路中的电荷移动使之形成电流。由于电压检测方便，因此在电气控制系统中，电压的检测与分析就成为对系统进行分析的一个重要的物理量。

有人把电流与水流相比。例如，水是从高水位流向低水位的，水泵可以将水由低水位推向高水位。与此相似，电流可以说是由高电位流向低电位的，而电源可以把电荷由低电位推向高电位。从这一点出发，可以认为电路中每一点都有一定的电位。空间某一点的位置高低是相对的，与所取的参考点有关。电路中某点的电位高低也是相对的，与所取哪一点电位为零（叫作参考点）有关。电路中某点的电位等于这一点与参考点（零电位点）之间的电压。或者说，电路中某两点的电压就是这两点之间的电位差。

电位的单位就是电压的单位，即伏特。

在电气控制系统中测量电压时，可以直接检测两点间的电压，即电位差。有时，选一个参考点，一般选零电位做参考点，这一点也是与大地等电位的；然后再测量系统中各检测点相对这一点的电位大小，即电压大小。

### （二）电流

电荷的流动一般称为电流。电路中任何两点如果有电压，就有了形成电流的可能；一旦两点之间有导体连接，就会出现电荷流动，导体中就形成了电流。这就像水流一样，只要高处有水存在，就有流下来形成水流的可能；一旦高处与低处之间有了通道，水就会流下来，形成水流。

高处的水量越多，形成水流的可能性就越大。同样，两电位间的电压越大，就越容易形成电流。电路中的电流大小体现了电荷流动的量的多少，即流动的强度大小。电流大小的单位是安培。

### (三) 电阻

一般物质按导电性能可分为导体、绝缘体和半导体。导体就是能够导电的物体。用导体将具有电压的两点连接起来，即形成闭合回路，则导体中就会出现电荷流动，形成电流。这种流动不是畅通无阻的，电荷在移动过程中要同金属的原子 (或分子) 发生碰撞，使电荷移动受到阻碍，导体就表现出一定的电阻。

电阻的存在对我们利用电能有好处也有害处。在传输电能时，我们希望电阻越小越好，这样就会减少电能损耗。但在利用电能时，我们经常需要各种大小不同的电流，因此我们经常需要利用改变导体的电阻大小来改变电流的大小。电阻的单位是欧姆。

## 二、控制对象的变量

在电气控制系统中，控制对象的变量种类繁多，比如温度、压力、速度、流量、液位、位移、亮度、湿度等。在具体的控制系统构建中，需要了解能改变这些变量的执行器以及这些变量的有关知识，才能选取适当的控制方法，使这些变量达到期望值。下面仅就温度、压力等常用变量做简单介绍。

### (一) 温度

温度是物体冷、热程度的度量。按分子运动学说，温度是物质内部大量分子平均移动动能的标志。它是确定物质状态的基本参数之一。温度概念的建立及温度的测定，都是以热平衡为依据的。当温度计与被测物体达到热平衡时，温度计指示的温度就等于被测物体的温度。

在我国法定度量单位中，温度测量采用热力学温度，物理量符号为 $T$，单位采用开 [ 尔文 ]，符号为 K。热力学温度规定水的三相点 (纯冰、纯水、水蒸气三相平衡共存状态) 的温度为 273.16K。

热力学温度每 1K 为水的三相点热力学温量度的 $\dfrac{1}{273.16}$。

与热力学温度并用的还有摄氏温度。物理量符号为 $t$，单位为℃（摄氏度）。摄氏温度每 1℃ 与热力学温度每 1K 是相等的，但两种温度的起始点不同。在摄氏温度中，规定在 0.101325MPa 气压下纯水的冰点为 0℃，其热力学温度为 273.15K，比纯水的三相点热力学温度低 0.01K。热力学温度 $T$ 和摄氏温度 $t$ 之间的换算关系为：$T$（K）＝ $t$（℃）+273.15。

### (二) 压力

垂直作用在单位面积上的力称为压力，物理量符号为 $P$。按分子热运动学说，气体的压力是其大量分子向容器壁面撞击而产生的平均结果。压力是确定物质状态的基本参数之一。

在我国法定度量单位中，压力的单位为帕［斯卡］，符号为 Pa。工程上常采用 kPa 或 MPa 表示。

压力通常用各种压力计测定，这些压力计的测量原理都建立在力平衡的基础上，而压力计本身通常处于大气压力中。

## 第三节　电气控制系统的执行器

### 一、电磁类

#### (一) 电动机

电动机是将电能通过电磁反应转换成电动机转子的旋转或直线移动的一种装置，是最常用的一种执行器。

电动机按使用电源的性质分，有直流电动机和交流电动机；按用途分，有普通电动机和特种电动机。无论哪种电动机，都由转子、定子和辅助装置构成；一般定子绕组通过电流后产生磁场，转子绕组在定子磁场受到电磁力的作用而产生机械运动。下面以最常用的三相交流异步电动机为例加以说明。

三相异步电动机的定子是在铁芯里嵌放三套绕组构成，给绕组通入三相交流电之后，就会形成具有一定磁极数的磁场，同时这个磁场会按一定的方向旋转。

转子也是在转子铁芯中嵌入绕组（闭合铝环）而构成。该绕组被定子的旋转磁场切割，感应出电动势，使转子绕组有电流流过，成为带电导体。这带电导体就会受到定子磁场的电磁力的作用，跟着旋转磁场转动起来，将电能转化为转子转动的机械能。电动机的实际转速略低于定子磁场的转速（又称同步转速）。

### (二) 电磁铁

电磁铁一般由电磁线圈和铁芯组成。当给线圈通电，有电流流过时，电磁线圈就会感应出一定方向的磁场，使铁芯具有电磁吸力。这样，就将电能转换成电磁吸引其他金属的机械能。如磨床上的电磁吸盘。

### (三) 电磁离合器

电磁离合器是利用电磁铁产生的电磁吸引力来拉动离合装置动作的，使电能转换成机械能。

### (四) 电磁阀

电磁阀是利用电磁铁的吸引力来打开或关闭阀门的一种阀，一般有气阀和液阀两类。综上所述，电磁类的执行器都是利用电磁线圈，先将电能转换成电磁场，再利用电磁场产生的电磁力来形成机械动作，实现电能向机械能的转换。

## 二、其他类

### (一) 电热元件

电热元件最主要的一种就是电阻发热元件，其他还有微波发热、辐射发热元件等。这些发热元件都需要有电流流过，消耗电能而发热。如最常用的电热管，就是在一个金属或石英管内放置电阻丝，电阻丝与管壁之间用耐热绝缘材料隔开。当有电流流过电阻丝时，根据电流热效应，电阻丝发热，通过管壁向外传递。

### (二) 发光元件

发光元件也是利用电流流过灯丝发热或激发电子等形式，将电能转换成光辐射出去，其本质是电能转换成为热能。如白炽灯、日光灯等，都是有电流流过，消耗电能而发光。

### (三) 化学反应器

电能也经常被用在化学反应过程中，加快反应或促成反应发生。如电镀，就是利用电流的作用，使被镀器件具有一定的电极性，而要镀的金属粒子则在电极吸引下移动，形成电流，最终实现电镀；整个过程需要有电流流过，消耗电能才能实现。

综上所述，在电气控制系统中，这些执行器都是一种能实现电能向其他形式的能转换的器件；人们要控制的就是如何向它们输送合适的电能，使其按人们所希望的方式进行能量转换。

## 第四节　电气控制系统的控制器件

### 一、开关类器件

开关类器件的主要功能是用来接通和断开主电路。按是否有物理接触分为触点型和无触点型，触点型的按接触形式一般分为刀式和接触式两类。下面分别加以介绍。

### (一) 刀开关

1. 塑壳闸刀开关

塑壳闸刀开关又称开启式负荷开关，适用于交流50Hz、电压380V以下的一般电气装置，以及灌溉、电热及照明等配电设备中，供手动不频繁接通和断开负载用。其上装有熔丝，具有短路保护功能。

### 2.负荷开关

负荷开关是一种封闭铁外壳式的刀开关，其内部主要由快速通断机构、触刀和瓷插式熔断器构成。开关借助专门的弹簧和凸轮机构可使拉闸、合闸迅速，有利于灭弧。

### (二) 断路器

断路器又称自动空气开关或自动开关，用于低压动力线路中。它相当于刀开关、熔断器、过电流继电器和欠电压继电器的组合，是一种既可以手动操作又具有自动欠压、失压、过载和短路保护功能的电器，常用作总开关使用。

### (三) 接触器

接触器是一种通过电控进行远距离频繁操作的开关，其触点采用接触形式，触点表面一般镀有银等高熔点金属。接触器被广泛地应用于频繁通断电路的场合。

工作原理是：当接触器线圈有电流流过时，会产生电磁吸引力，动、静铁芯吸合，动铁芯带动触点动作；当线圈电流消失时，电磁吸引力消失，动铁芯在复位弹簧作用下弹回，带动触点复位。

### (四) 电子开关

随着电子技术的发展和半导体加工工艺的提高，晶体管、晶闸管以及IGBT等电力电子器件越来越多地被开关使用，这些开关属于无触点开关，利用了这些元件的开关特性。比如：风扇的调速开关，就是利用晶闸管作为电源开关，通过控制导通角来控制流经风扇的电流大小，进而改变风扇的速度；再有较为常用的接近开关，也是利用晶体管作为开关使用。感应头是一个感应线圈，当有金属物靠近时会改变磁感应强度，进而使振荡电路停振。晶体管处于导通状态，相当于开关闭合；晶体管处于截止状态，相当于开关断开。使用时，晶体管就相当于一个开关，来接通或断开负载电路。

### (五) 变频器

变频器从其功能来讲，其实质是一种可以改变电源性质的开关类电器。

变频器的主要作用是给电动机通电或断电，只是与一般的开关有些不同，在通电时可以改变电源的频率。

以上讲述了五类开关类器件。随着科学技术的发展，相信会有更多的开关器件出现，其性能也将不断得以改进。

## 二、信号类器件

信号类器件的主要功能是通过检测电气控制对象的某一物理量，为电气系统提供开关类或模拟类信号，不直接通断主电路。

### (一) 继电器类

1. 中间继电器

中间继电器的作用是将一个输入信号变成多个输出信号或将信号放大（即增大触点容量）。中间继电器的动作原理与接触器相同，不同的是其触点容量较小，只适合通断小电流。因此，中间继电器只适合用于产生信号，而不能用于通断主电路。

2. 电压继电器

触点的动作与线圈的动作与电压大小有关的继电器称为电压继电器，它用于电气控制系统中的电压保护和控制。使用时，电压继电器的线圈与负载并联，其线圈匝数多而线细。

按线圈电流的种类可分为交流和直流电压继电器，按吸合电压大小又可分为过电压和欠电压继电器。在选用时，要注意线圈电流的种类和电压等级，要与控制电路一致。

电压继电器在电路中的图形符号与中间继电器的一样。

3. 电流继电器

触点的动作与线圈的动作电流大小有关的继电器叫作电流继电器。使用时，电流继电器的线圈与负载串联。其线圈的匝数少而线粗。

根据线圈的电流种类分为交流和直流电流继电器，按吸合电流大小又可分为过电流继电器和低（欠）电流继电器。在选用时要注意线圈电流的种类和电压等级，要与负载电路一致。

电流继电器在电路中的图形符号与中间继电器的一样。

4. 时间继电器

从得到输入信号 (线圈的通电或断电) 开始，到经过一定的延时后才输出信号 (触点的闭合或断开) 的继电器，称为时间继电器。

时间继电器的延时方式有以下两种：

(1) 通电延时。接受输入信号 (通电) 后延迟一定时间，输出信号才发生变化；当输入信号消失 (断电) 后，输出瞬时复原。

(2) 断电延时。接受输入信号 (通电) 时，瞬时产生输出信号；当输入信号消失 (断电) 后，延迟一定时间，输出才复原。

时间继电器应用广泛，种类也较多，常见的有电磁式、空气阻尼式、半导体式等。

5. 压力继电器

压力继电器是通过检测气压或液压的变化而发出信号 (触点动作)，为电气系统提供保护和控制的继电器。

其工作原理是：这是用来检测油压的压力开关，当油压增大时，橡皮膜推动滑杆向上移动，移动到一定位置后，推动微动开关动作，发出信号。

6. 温度继电器

按温度原则动作的继电器，就是温度继电器。温度继电器可以检测需要控制的某部位的温度，当温度达到规定值时，触点动作发出信号。

温度继电器还可以埋设在电动机的发热部位，如电动机的定子槽内、绕组端部等，可直接反映该处发热情况。无论是电动机本身出现过载电流引起温度升高，还是其他原因引起电动机的温度升高，温度继电器都可以动作，起到保护和控制作用。这一点"热继电器"无法实现。

温度继电器一般有双金属片式和热敏电阻式两大类，也有用热电偶等其他类型的。

7. 速度继电器

按速度原则动作的继电器，就是速度继电器。速度继电器有多种类型，如常见的有感应式、电子式等。感应式速度继电器是依靠电磁感应原理实现触点动作的。在结构上主要由定子、转子和触点三部分组成。

其动作原理是：电动机转轴带动转子转动，定子绕组切割转子磁场产生电磁力，跟随转子转动，但受到反力弹簧及返回杠杆的阻挡。随着电动机转速的增大，定子所受到的电磁力逐渐增大，当达到一定值时，杠杆克服反力弹簧和返回杠杆的阻挡，推动微动开关动作；当电动机速度减小时，定子受力减小，杠杆又会返回，松开微动开关。

以上介绍了几种常用的信号类继电器。除此之外，还有其他各种类型的信号继电器。随着科学技术的发展，各种继电器必将越来越多，这里就不一一赘述。

### （二）开关类

#### 1. 行程开关

行程开关又称限位开关或位置开关，是利用生产机械的某些运动部件的撞击来检测位置，并发出信号的。行程开关有直动式、组合式、微动式和滚轮式等种类，但其原理是一样的。

工作原理是：在某一位置安放一限位挡板，当行程开关运动到此处时，挡板会撞击到顶杆，顶杆推动开关动作，给出信号。

#### 2. 接近开关

接近开关也叫无触点行程开关，其功能是当某种物体与之接近达到一定距离时就动作发出信号，它不同于机械式行程开关必须接触并施加机械力的方式。其用途也已远超出一般行程控制和限位保护，它还可以用于液面控制、金属检测、尺寸检测及做无触点按钮等。

其工作原理及图形符号等在前面已经叙述，在此不再叙述。

#### 3. 其他开关

各类开关的动作，实际上都可以作为一种信号来加以使用，比如接触器的辅助触点就常常被用来做控制电路里的一个信号使用；再有，按钮的动作也可以作为一种信号使用。因此，作为信号的电器很多，在实际的应用过程中可根据具体情况和要求灵活使用，只要满足系统的功能要求和安全要求即可。

### 三、保护类器件

保护类器件是为了电气系统安全和人身安全而设置的一些电器。缺少这些电器，系统能正常工作，但不能保证安全。

**(一) 热继电器**

热继电器是一种专门用来进行过载保护的电器。

在电力拖动控制系统中，当三相交流电动机出现长期带负荷欠电压运行、长期过载运行以及长期单相运行等不正常情况时，会导致电动机绕组严重过热乃至烧坏。为了充分发挥电动机的过载能力，保证电动机正常启动和运转，当电动机出现长时间过载时能自动切断电路，人们研制出了能随过载程度而改变动作时间的电器，这就是热继电器。

热继电器种类较多，有单相、两相和三相之分，也有是否带断相保护之分，但其结构和原理基本相同。

热继电器工作原理是：热继电器的双金属片和电阻丝串接于电路中，当电路电流超过设定值时，发热丝发热较多，致使双金属片发生弯曲，推动导板机构向前移动，给补偿双金属片施加压力。当电流过大时间过长时，加在补偿双金属片的压力越来越大，达到一定值时，速动弹簧机构会推动触点系统动作，发出信号。当发热丝热量减少时，双金属片逐渐复原，触点系统在速动弹簧机构作用下复位，也可以利用复位按钮人工复位。

断相保护的差动导板原理是：当三相电路某一相断路后，接在该相的双金属片受热减少，会向右弯曲，并推动内导板向右移动；与此同时，另外两相电流则会比正常时候大，接在这两相的双金属片受热更多，以更快的速度向左弯曲，并推动外导板向左移动。这样，内外导板向相反方向移动，在杠杆的作用下，加快了推杆的移动速度，使触点系统快速动作，切断电源，起到断相保护作用。

热继电器靠双金属片受热变形工作，这个过程需要一定的时间。所以，热继电器适合做过载保护，使电路具有一定的过载能力，但不适合做短路保护。

**(二) 熔断器**

熔断器是一种结构简单、价格低廉、使用极为普遍的保护电器。它是根据电流的热效应原理工作的，使用时串接在被保护线路中；当线路发生严重过载或短路时，熔体产生的热量使自身熔化而切断电路。

熔断器主要由熔体和绝缘底座组成。熔体为丝状或片状。熔体材料通常有两种：一种由铅锡合金和锌等低熔点金属制成，多用于小电流电路；另一种由银、铜等高熔点金属制成，多用于大电流电路。

熔断器常用的有无填料式和有填料式。所谓的填料是指在熔体里填充耐高温的石英砂，用来灭弧。有填料的熔断器一般用于大电流电路中。

熔断器主要用于短路保护，因此在选用过程中有许多注意事项，相关内容将在后续课程中详述。

### （三）漏电开关

漏电开关是电气保护装置的一种，主要用于触电保护，也兼有漏电保护作用。漏电开关有电压型和电流型两类，其主要区别在于检测故障信号的方式不同。

电压型漏电开关通过检测元件，将触电、漏电所引起的三相中点电压检出（因此也叫中点位移式漏电开关），或将负载侧用电设备漏电产生的故障电压检出，并转换成电流信号，进而将故障电路自动切断。为了利用中点电压，在安装时一般要改变原来的接地方式。例如，将供电变压器的二次绕组中间接地改为通过检测元件的间接接地；对中点不接地的变压器来说，必须设置人为中点，电压型漏电开关才能使用。

电流型漏电开关由零序电流互感器检出触电、漏电信号，经中间元件比较放大后，自动切断故障电路。

工作原理是：在正常情况下，三相电流之和为零。当有漏电或触电现象发生时，三相电流不再相等，有一部分电流不经零序电流互感器流回；这样，零序电流互感器有电流流过，感应电流经放大后，切断电路。

除以上三类保护类电器外，随着技术的发展，还有更多的保护类电器用于电气控制系统中，如相序保护、过热保护等，需要在实际工作中加以灵活掌握和运用。

## 四、主令类器件

主令类器件是人通过它向系统发出操作命令的电器。

### (一) 直接接触类

1. 控制按钮

控制按钮简称按钮，是一种结构简单、使用广泛的手动主令类器件。

控制按钮一般由按钮、复位弹簧、触点和外壳等部分组成。

当按钮按下时，先断开常闭触点，而后接通常开触点；按钮释放后，在复位弹簧作用下使触点复位。

控制按钮在结构上有按钮式、紧急式、钥匙式、旋钮式和保护式五种，可根据使用场合和具体用途来选用。

2. 组合开关

组合开关是将多个开关组合到一起，每次操作可以同时给多个回路发出命令信号的电器。一般常用的有电源开关、万能转换开关和主令控制器等形式，其结构及原理都很相似，下面以万能转换开关为例加以说明。

工作原理是：开关手柄有三个转换位置，在不同位置时，手柄带动转轴转动，转轴上装有不同的凸轮，每个凸轮控制一组触点。这样，手柄每转动一个位置，就会有一组触点接通或断开，从而接通或断开多支电路。

3. 触摸屏

触摸屏是一种新式的、人可用它来发出命令信号的电器。人们可以在屏幕上临时定义各种按钮或电器，然后用手指触摸，通过内部感应转换成命令信号发出。一般触摸屏是通过电缆与其他电器连接，以通信的方式集中传递信号的。

### (二) 远程遥控类

1. 手持遥控器

作为发号施令的电器，遥控器被越来越多地使用，特别是那些需要频繁操作、距离又较远的系统或设备，用遥控器来给出操作命令信号更有优势。

遥控器一般包括发射装置和接收装置两部分。接收装置安装在系统或设备内，它可以将输入信号（一组编码）转换成触点的动作。发射装置一般为手持形式，按下相应的按键，则会被编成"代码"发射出去。目前使用较多的遥控器是红外线式和微波式的，红外线式的有效距离较近，一般在十几米以内；微波式的有效距离可以达到几百甚至上千米，只是结构相对复杂。

2.控制计算机

作为应用越来越广泛的设备，计算机也逐渐成为发布命令的电器装置，特别是随着网络技术的发展，使得许多电气系统、各类设备都用网络联成了一个大的系统。这样，计算机就可以成为发布控制命令信号的装置。人们利用组态软件将整个系统的模拟图形做在一个或几个画面上，这样，人们只需要打开相关画面，用鼠标点击相关图形（如按钮），信号就通过网络传到相应的硬件，使其按命令要求工作。

## 五、信号处理类器件

信号处理类器件是可以通过接收人或信号类电器给出的各种信息，然后按预先设定好的结果给出新的信号或命令的电器。

### （一）PLC

PLC是可编程逻辑控制器（Programmable Logic Controller）的英文缩写，是为了解决电气系统中越来越复杂的逻辑问题而开发设计的一种新型电器，是计算机技术和电器技术相结合的一种产物。随着PLC的功能越来越强大，其处理的已经不仅仅是逻辑问题，而已成为可编程控制器（Programmable Controller），简称PC，但习惯上仍称PLC。

PLC可以同时有成百上千的信号输入，经处理后，又可以同时有成百上千的信号输出，其处理信号的能力越来越强大。正因为如此，用PLC作为信号处理装置可以构建各种类型的复杂电气控制系统，大大提高了工农业生产的自动化水平，PLC也逐渐成为现代工业的支柱技术之一。

PLC编程简单方便，适用范围广，在制造时进行了相当完善的抗干扰处理，因此可以在比较恶劣的工业环境下正常工作。这是其得以迅速发展的原因。

### （二）微机（单片机）控制系统

微机控制系统也是计算机技术在控制领域的具体应用，也是专门用来处理大量的复杂信号而构建的装置。

　　微机控制系统与 PLC 的不同之处是其适应范围不够广泛，是针对某一系统专门制造的，比如数控机床的数控装置、某大型设备的电气控制系统等。但它们处理信号的能力较强，且针对性较强。因此，微机控制系统的专业化程度较高。对批量生产的设备来说，其成本也大大低于 PLC 系统。

### (三) 可编程逻辑器件 (接口)

　　可编程逻辑器件或接口也是近几年发展迅速、用来处理信号的装置，因其价格低廉、使用灵活方便，在许多场所得以应用。电气控制系统千差万别，对于那些信号处理不多、要求也不高的情形，用 PLC 或微机控制系统都显得成本过高；此时，只有几个输入、输出接口的可编程逻辑器件 (接口) 就显得更加适用了。

# 参考文献

[1] 樊百林，蒋克铸，杨光辉．现代工程机械设计基础 [M].武汉：华中科技大学出版社，2020.

[2] 管会生．工程机械理论与设计 [M].成都：西南交通大学出版社，2020.

[3] 胡立明，张登霞．工程力学与机械设计基础 [M].合肥：中国科学技术大学出版社，2020.

[4] 刘向虹，王辉，张磊．机械电子工程系统设计与应用 [M].长春：吉林人民出版社，2021.

[5] 胡旭．机械设计原理及其工程实践研究 [M].北京：中国原子能出版社，2019.

[6] 朱平．先进设计理论与方法 [M].北京：机械工业出版社，2023.

[7] 黄力刚．机械制造自动化及先进制造技术研究 [M].北京：中国原子能出版社，2022.

[8] 焦艳梅．机械制造与自动化应用 [M].汕头：汕头大学出版社，2021.

[9] 洪露，郭伟，王美刚．机械制造与自动化应用研究 [M].北京：航空工业出版社，2019.

[10] 王全先．机械设备故障诊断技术 [M].武汉：华中科技大学出版社，2020.

[11] 夏虹，刘永阔，谢春丽．机械工程设备故障诊断技术 [M].2 版.哈尔滨：哈尔滨工业大学出版社，2023.

[12] 闫来清．机械电气自动化控制技术的设计与研究 [M].北京：中国原子能出版社，2022.

[13] 张停，闫玉玲，尹普．机械自动化与设备管理 [M].长春：吉林科学技术出版社，2021.

[14] 付勃 . 电气自动化控制方式研究 [M]. 北京：现代出版社，2023.

[15] 宁艳梅，史连，胡葵 . 电气自动化控制技术研究 [M]. 长春：吉林科学技术出版社，2023.

[16] 刘春瑞，司大滨，王建强 . 电气自动化控制技术与管理研究 [M]. 长春：吉林科学技术出版社，2022.

[17] 王耀斐，高长友，申红波 . 电力系统与自动化控制 [M]. 长春：吉林科学技术出版社，2019.